けいさん スタートアップドリル

1年

JN131620

このドリルでは、
1年生にひつような
けいさんもんだいを
あつかっています。

年　くみ

1 5までの かず①

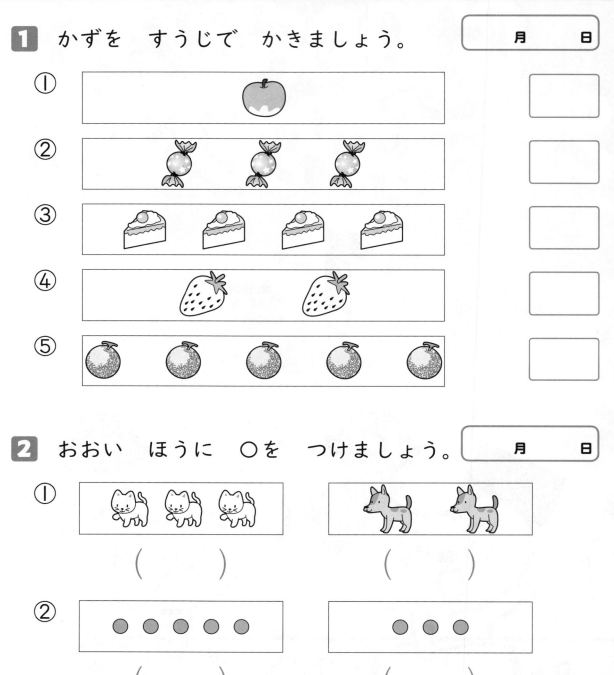

1 かずを　すうじで　かきましょう。
　　　　　　　　　　　　　　　　月　　日

①

②

③

④

⑤

2 おおい　ほうに　○を　つけましょう。
　　　　　　　　　　　　　　　　月　　日

①
（　　　）　　　（　　　）

②
（　　　）　　　（　　　）

2 5までの かず②

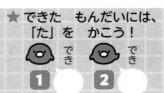
1 かずを すうじで かきましょう。　　月　日

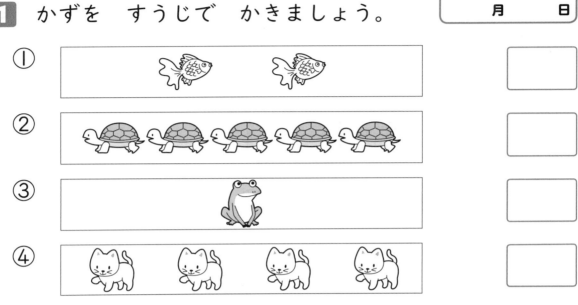

①

②

③

④

⑤

2 おおい ほうに ○を つけましょう。　　月　日

①

（　　　）　　　　（　　　）

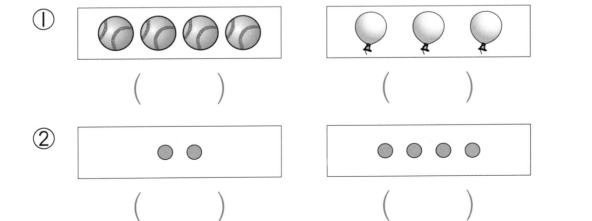

②

（　　　）　　　　（　　　）

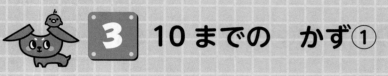

3 10までの かず①

1 かずを すうじで かきましょう。　　月　日

① 　　□

② 　　□

③ 　　□

④ 　　□

⑤ 　　□

2 おおい ほうに ○を つけましょう。　月　日

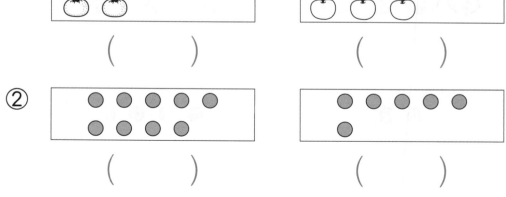

① （　　　）　　　（　　　）

② （　　　）　　　（　　　）

4　10までの　かず②

1　かずを　すうじで　かきましょう。　　月　　日

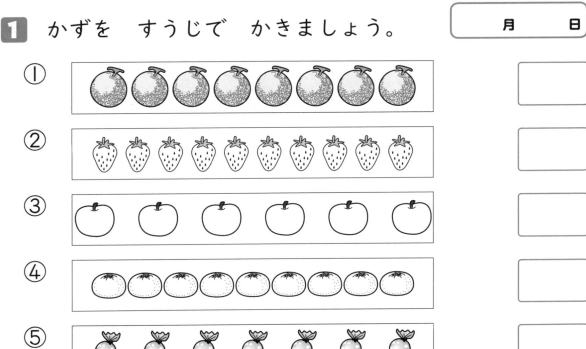

① □
② □
③ □
④ □
⑤ □

2　おおい　ほうに　○を　つけましょう。　　月　　日

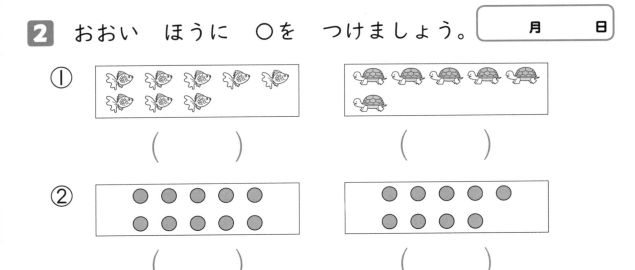

①　（　　　）　　（　　　）

②　（　　　）　　（　　　）

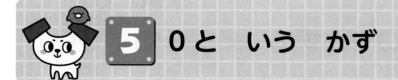

5 0と いう かず

1 かずを すうじで かきましょう。　　月　日

① (　　)　　(　　)　　(　　)

② (　　)　　(　　)　　(　　)

③ (　　)　　(　　)　　(　　)

2 かずを すうじで かきましょう。　　月　日

① (　　)　　(　　)　　(　　)

② (　　)　　(　　)　　(　　)

6 なんばんめ

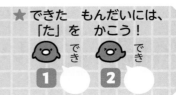

1 せんで かこみましょう。

月　　日

①　ひだりから　3こ

②　ひだりから　3ばんめ

③　みぎから　5ばんめ

2 えを みて こたえましょう。

月　　日

①　ねこは　まえから　なんばんめですか。

　　　　　　　　　　　　　　　　□ばんめ

②　かえるは　うしろから　なんばんめですか。

　　　　　　　　　　　　　　　　□ばんめ

③　まえから　4ばんめは　だれですか。

　　　　　　　　　　　　　（　　　　　　）

7 いくつと いくつ 5

1 □に あてはまる かずを かきましょう。

月　　日

① 5は 1と 　　　

② 5は 3と 　　　

③ 5は 2と 　　　

④ 5は 4と 　　　

2 5に なる ように、□に あてはまる かずを かきましょう。

月　　日

① 3 － 　　　　② 1 － 　　　

③ 4 － 　　　　④ 2 －

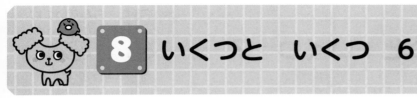

8 いくつと いくつ 6

1 □に あてはまる かずを かきましょう。

月　　日

① 6は 2と ☐

② 6は 1と ☐

③ 6は 3と ☐

④ 6は 5と ☐

2 6に なる ように、□に あてはまる かずを
かきましょう。

月　　日

① 3 — ☐　　② 4 — ☐

③ 1 — ☐　　④ 5 — ☐

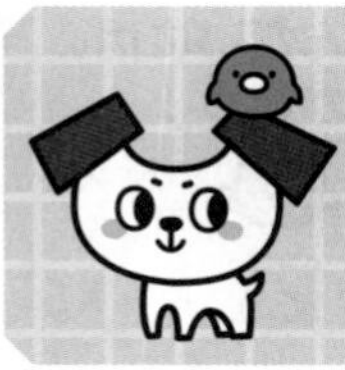

1 □に あてはまる かずを かきましょう。

月　日

① 7は 3と [　　]

② 7は 1と [　　]

③ 7は 5と [　　]

④ 7は 6と [　　]

2 7に なる ように、□に あてはまる かずを かきましょう。

月　日

① [2]−[　　]　　② [3]−[　　]

③ [4]−[　　]　　④ [1]−[　　]

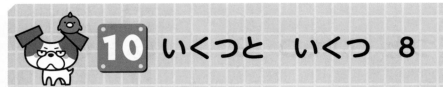
1 □に あてはまる かずを かきましょう。

月　　日

① 8は 2と □

② 8は 5と □

③ 8は 4と □

④ 8は 3と □

2 8に なる ように、□に あてはまる かずを
かきましょう。

月　　日

① 1 － □　　　② 6 － □

③ 5 － □　　　④ 7 － □

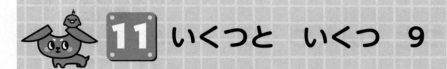
11 いくつと いくつ 9

1 □に あてはまる かずを かきましょう。

月   日

① 9は 3と 　　　

② 9は 1と 　　　

③ 9は 5と 　　　

④ 9は 2と 　　　

2 9に なる ように、□に あてはまる かずを
かきましょう。

月   日

① 6 — 　　　　② 4 — 　　

③ 8 — 　　　　④ 7 —

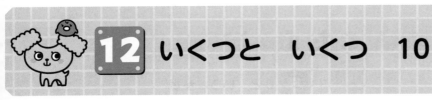
12 いくつと いくつ 10

1 □に あてはまる かずを かきましょう。

月　　日

① 10は 1と [　　]

② 10は 5と [　　]

③ 10は 8と [　　]

④ 10は 3と [　　]

2 10に なる ように、□に あてはまる かずを かきましょう。

月　　日

① 2 – [　　]　　　② 6 – [　　]

③ 7 – [　　]　　　④ 9 – [　　]

こたえ

1 **5までの かず①**

1 ①1
②3
③4
④2
⑤5

2 ①(○) ( )
②(○) ( )

2 **5までの かず②**

1 ①2
②5
③1
④4
⑤3

2 ①(○) ( )
②( ) (○)

3 **10までの かず①**

1 ①6
②8
③9
④7
⑤10

2 ①( ) (○)
②(○) ( )

4 **10までの かず②**

1 ①8
②10
③6
④9
⑤7

2 ①(○) ( )
②(○) ( )

5 **0と いう かず**

1 ①2, 1, 0
②5, 0, 4
③0, 9, 6

2 ①3, 8, 0
②4, 0, 7

6 **なんばんめ**

1 ①
②
③

2 ①5 ばんめ
②4 ばんめ
③うさぎ

7 **いくつと いくつ 5**

1 ①4
②2
③3
④1

2 ①2
②4
③1
④3

8 いくつと いくつ 6

1 ①4
②5
③3
④l

2 ①3
②2
③5
④l

9 いくつと いくつ 7

1 ①4
②6
③2
④l

2 ①5
②4
③3
④6

10 いくつと いくつ 8

1 ①6
②3
③4
⑤5

2 ①7
②2
③3
④l

11 いくつと いくつ 9

1 ①6
②8
③4
④7

2 ①3
②5
③l
④2

12 いくつと いくつ 10

1 ①9
②5
③2
④7

2 ①8
②4
③3
④l

教科書ぴったりトレーニング

はなまるシール

- ふろくの「がんばり表」につかおう！
- はじめに、キミのおとも犬をえらんで、がんばり表にはろう！
- がくしゅうがおわったら、がんばり表に「はなまるシール」をはろう！
- あまったシールはじゆうにつかってね。

キミのおとも犬

げんき いっぱい おにく だいすき!
つっこみやく みんなの おせわがかり
ちょっと こわがり さいねんしょう
おっとり どくしょが すき
やさしくて ものしり みんなの せんせい

はなまるシール

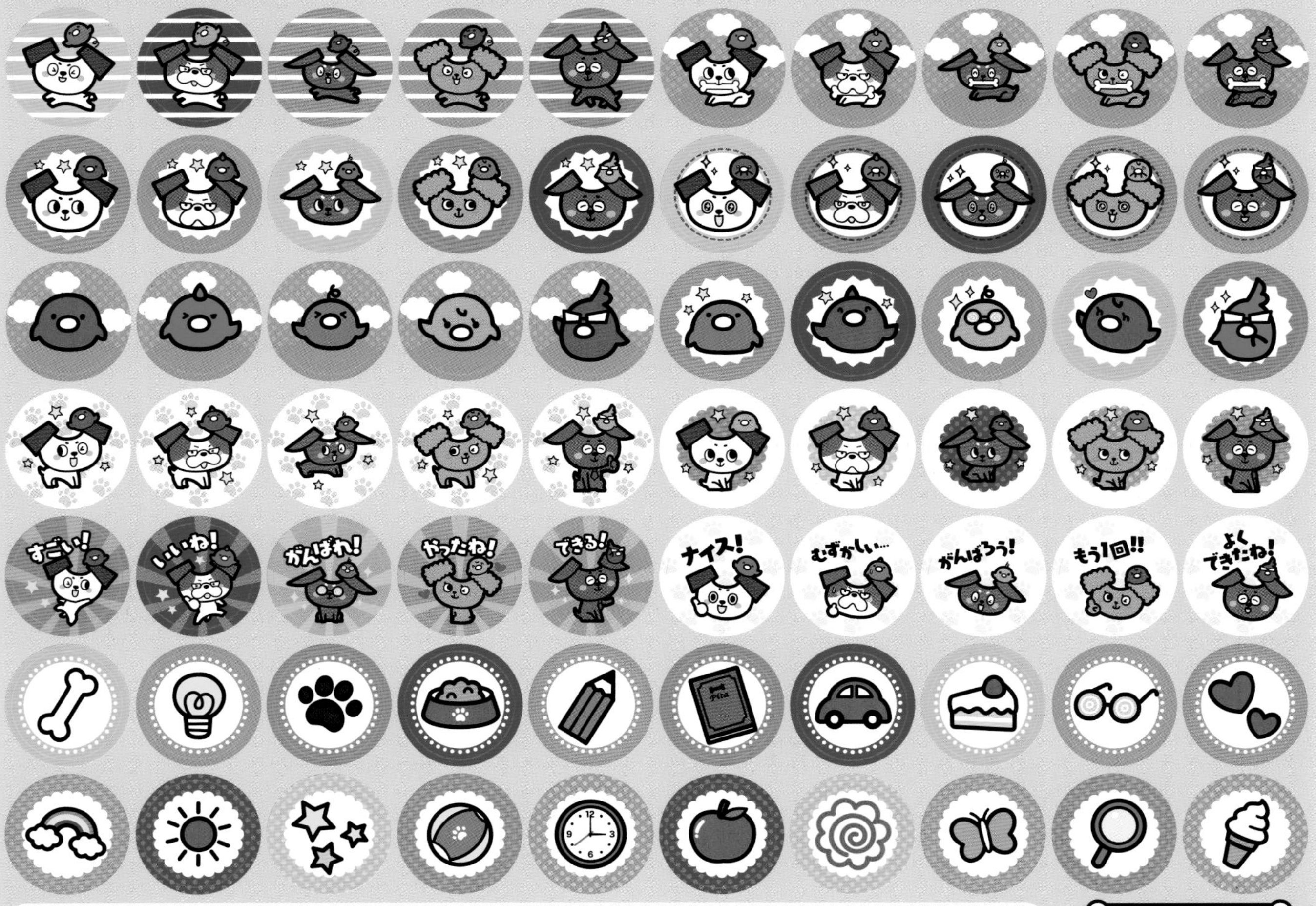
すごい!
いいね!
がんばれ!
やったね!
できる!
ナイス!
むずかしい…
がんばろう!
もう1回!!
よく できたね!

こくご
国語
さんすう
算数

ごほうびシール

よくできました

いつも見えるところに、この「がんばり表」をはっておこう。
この「ぴたトレ」をがくしゅうしたら、シールをはろう！
どこまでがんばったかわかるよ。

すきななまえを
つけてね！

なまえ

ぴた犬
（おとも犬）
シールを
はろう

シールの中からすきなぴた犬をえらぼう。

おうちのかたへ

がんばり表のデジタル版「デジタルがんばり表」では、デジタル端末でも学習の進捗記録をつけることができます。1冊やり終えると、抽選でプレゼントが当たります。「ぴたサポシステム」にご登録いただき、「デジタルがんばり表」をお使いください。LINE または PC・ブラウザを利用する方法があります。

LINE用

PC・
ブラウザ用

⭐ ぴたサポシステムご利用ガイドはこちら ⭐
https://www.shinko-keirin.co.jp/shinko/news/pittari-support-system

たしざん

22〜23ページ	20〜21ページ	18〜19ページ
できたらシールをはろう	できたらシールをはろう	できたらシールをはろう

いくつと いくつ

16〜17ページ	14〜15ページ	12〜13ページ
できたらシールをはろう	できたらシールをはろう	できたらシールをはろう

なんばんめ

10〜11ページ
できたらシールをはろう

かずと すうじ

8〜9ページ	6〜7ページ	4〜5ページ	2〜3ページ
できたらシールをはろう	できたらシールをはろう	できたらシールをはろう	できたらシールをはろう

スタート

ひきざん

24〜25ページ	26〜27ページ	28〜29ページ
できたらシールをはろう	できたらシールをはろう	できたらシールをはろう

★けいさんの ふくしゅう テスト1

30〜31ページ
できたらシールをはろう

10より おおきい かず

32〜33ページ	34〜35ページ	36〜37ページ
できたらシールをはろう	できたらシールをはろう	できたらシールをはろう

なんじ なんじはん

38〜39ページ
できたらシールをはろう

3つの かずの けいさん

40〜41ページ	42〜43ページ	44〜45ページ
できたらシールをはろう	できたらシールをはろう	できたらシールをはろう

なんじなんぷん

68〜69ページ
できたらシールをはろう

大きい かず

66〜67ページ	64〜65ページ
できたらシールをはろう	できたらシールをはろう

★けいさんの ふくしゅう テスト2

62〜63ページ
できたらシールをはろう

くりさがりの ある ひきざん

60〜61ページ	58〜59ページ	56〜57ページ	54〜55ページ
できたらシールをはろう	できたらシールをはろう	できたらシールをはろう	できたらシールをはろう

くりあがりの ある たしざん

52〜53ページ	50〜51ページ	48〜49ページ	46〜47ページ
できたらシールをはろう	できたらシールをはろう	できたらシールをはろう	できたらシールをはろう

おなじ かずずつ

70〜71ページ
できたらシールをはろう

100までの かずの けいさん

72〜73ページ	74〜75ページ	76〜77ページ
できたらシールをはろう	できたらシールをはろう	できたらシールをはろう

★けいさんの ふくしゅう テスト3

78ページ
できたらシールをはろう

1ねんせいの けいさんの まとめ

79ページ	80ページ
できたらシールをはろう	できたらシールをはろう

ゴール

さいごまでがんばったキミは
「ごほうびシール」をはろう！

ごほうび
シールを
はろう

教科書ぴったり トレーニングの使い方

ぴた犬たちが勉強をサポートするよ。

ふだんの学習

れんしゅう
まず、計算問題の説明を読んでみよう。
次に、じっさいに問題に取り組んで、とき方を身につけよう。

↓

たしかめのテスト
「れんしゅう」で勉強したことが身についているかな？
かくにんしながら、取り組もう。

↓

実力チェック

ふくしゅうテスト
夏休み、冬休み、春休み前に使いましょう。

まとめのテスト
学期の終わりや学年の終わりのテスト前に
やってもいいね。

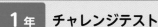 チャレンジテスト
すべてのページが終わったら、
まとめのむずかしいテストに
ちょうせんしよう。

ふだんの学習が終わったら、「がんばり表」にシールをはろう。

別冊

まるつけ ラクラクかいとう
問題と同じ紙面に赤字で「答え」が書いてあるよ。
取り組んだ問題の答え合わせをしてみよう。まちがえた
問題やわからなかった問題は、右のてびきを読んだり、
教科書を読み返したりして、もう一度見直そう。

おうちのかたへ

本書『教科書ぴったりトレーニング』は、「れんしゅう」の例題で問題の解き方をつかみ、問題演習を繰り返して定着できるようにしています。「たしかめのテスト」では、テスト形式で学習事項が定着したか確認するようになっています。日々の学習（トレーニング）にぴったりです。

「単元対照表」について

この本は、どの教科書にも合うように作っています。教科書の単元と、この本の関連を示した「単元対照表」を参考に、学校での授業に合わせてお使いください。

別冊『まるつけラクラクかいとう』について

おうちのかたへ では、次のようなものを示しています。

・学習のねらいやポイント
・他の学年や他の単元の学習内容とのつながり
・まちがいやすいことやつまずきやすいところ

お子様への説明や、学習内容の把握などにご活用ください。

内容の例

おうちのかたへ
小数のかけ算についての理解が不足している場合、4年生の小数のかけ算の内容を振り返りさせましょう。

もくじ

けいさん1年
全教科書版

教科書ぴったりトレーニング

巻末 チャレンジテスト①、②
別冊 まるつけラクラクかいとう

とりはずして
お使いください

ゆってん がついているところでは、学習指導要領では示されていない「発展的な学習内容」を扱っています。学習状況に応じてご利用ください。

れんしゅう

① 5までの　かずの　よみかたと　かきかた

こたえ　2ページ

★5までの　かずを　おぼえましょう。

●	●●	●●●	●●●●	●●●●●
いち	に	さん	し	ご
1	2	3	4	5

おうちのかたへ
5までの数字の読みかきができるようにします。

🐾 よみましょう。

1　2　3　4　5

いち				

うすい　じは　なぞろう。

🐾 5までの　かずを　かきましょう。

1					
2					
3					
4					
5					

うすい　じを　なぞって、つづけて　じぶんで　かいて　みよう。

4は　「よん」と　いう　ことも　あるよ。

ひんと　うすい　じを　なぞって、ただしく　かきましょう。4や　5は、じゅんばんにも　きを　つけましょう。

2

こたえ　2ページ

れいだい

★おおい　ほうに　○を　つけましょう。

| 2 | 5 |

・・　　　　　・・・・・

（　　　）　　　（ ○ ）

おうちのかたへ
5までの数の具体物と数字が対応できるようにします。また、5までの数の大小比較ができるようにします。

🐾 かずを　すうじで　かきましょう。

よくみて

🐾 おおい　ほうに　○を　つけましょう。

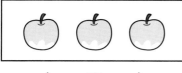　　　　

（ ○ ）　　　　（　　　）

・・・　　　　　・・・・

（　　　）　　　（　　　）

えんぴつで
1つずつ　けして
いって　のこった
ほうが　おおいよ。

5　　　　　　　4

（　　　）　　　（　　　）

ひんと　🐾 5と　4は　おはじきを　つかって　くらべましょう。

れんしゅう ③ 10までの　かずの　よみかたと　かきかた

こたえ　3ページ

れいだい

★10までの　かずを　おぼえましょう。

ろく	しち	はち	く	じゅう
6	7	8	9	10

おうちのかたへ

10までの数字の読みかきができるようにします。

よみましょう。

6　7　8　9　10

7は「なな」
9は「きゅう」と
いう　ことも
あるよ。

ろく				

10までの　かずを　かきましょう。

6	6				
7	7				
8	8				
9	9				
10	10				

ひんと　うすい　じを　なぞって、ただしく　かきましょう。10は　1を　かいてから、0を　かきます。

れんしゅう ④ 10までの かず

こたえ 3ページ

れいだい

★おおい ほうに ○を つけましょう。

| 7 | 9 |

(　) 　 (○)

おうちのかたへ
10までの数の具体物と数字が対応できるようにします。また、10までの数の大小比較ができるようにします。

🐾 かずを すうじで かきましょう。

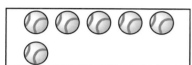 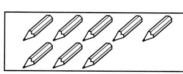

 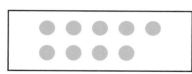

🔍 よくみて

🐾 おおい ほうに ○を つけましょう。

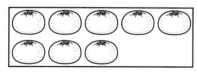 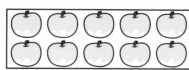

(　) 　 (○)

(　) 　 (　)

8 　 6

(　) 　 (　)

😊 **ひんと**　🐾 8と 6は おはじきを つかって くらべましょう。

5

れいだい

★ □に はいる かずを かきましょう。

1ずつ おおきく なって いるよ。

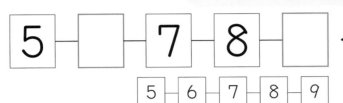

| 5 | | 7 | 8 | |

| 5 | 6 | 7 | 8 | 9 |

おうちのかたへ
10までの数の順序がわかり、並び方を理解できるようにします。

よくみて

□に はいる かずを かきましょう。

| 6 | 7 | 8 | | 10 |

| 8 | 7 | | | 4 |

うえは 1ずつ おおきく なって、
したは 1ずつ ちいさく なって いるよ。

□に はいる かずを かきましょう。

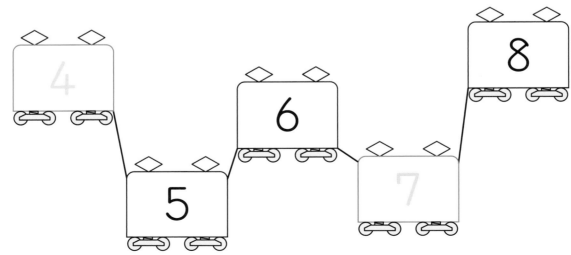

ひんと

10から 1まで 1ずつ ちいさく なると、10、9、8、7、6、5、4、3、2、1 です。

6

こたえ 4ページ

れいだい

★0と いう かずを おぼえましょう。

2　1　0　　れい 0

おうちのかたへ
0という数の意味を理解し、0という数の読みかきができるようにします。

みかんの かずを かきましょう。

0は なにも ない ことを あらわす かずだよ。

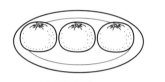  

3こ　　□こ　　□こ

●の かずを すうじで かきましょう。

7

□に はいる かずを かきましょう。

0　1　2　□　4

ひんと 1よりも 1 ちいさい かずは 0です。0は なにも ない ことを あらわします。

7 かずと すうじ

1 かいめ

1 かずを すうじで かきましょう。

1つ15てん（60てん）

①

☐

②

☐

③

☐

④

☐

2 おなじ かずを ——で むすびましょう。

1つ10てん（40てん）

 ・

・ 4

 ・

・ 2

☐ ・

・ 8

 ・

・ 0

たしかめのテスト **8** かずと すうじ
2かいめ

じかん **20** ぷん ／100
ごうかく **80** てん

こたえ 5ページ

1 □に はいる かずを かきましょう。　1つ20てん（60てん）

① 2 ☐ 4 ☐ 6

② 10 ☐ ☐ 7 6

③ ☐ 1 ☐ 3 4

2 おおい ほうに ○を つけましょう。　1つ10てん（20てん）

①

（　　）　　　　　　（　　）

②

（　　）　　　　　　（　　）

3 □の なかの かずで、いちばん ちいさい かずを かきましょう。　1つ10てん（20てん）

できたらすごい!

① 6、5、9　　② 2、0、4

（　　）　　　　　（　　）

9

こたえ　6ページ

れいだい

★いろを　ぬりましょう。

ひだりから
3ばんめ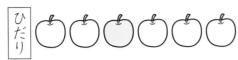

ひだりから
3こ

おうちのかたへ
個数を表す数と順序を表す数が区別できるようにします。

ひだりから
「3ばんめ」と
「3こ」は
ちがうよ。

---

1 えを　みて　こたえましょう。

① いぬは　まえから
　なんばんめですか。　　　4 ばんめ

② うさぎは　うしろから
　なんばんめですか。　　　□ ばんめ

！まちがいちゅうい

③ まえから　3びきを　こたえましょう。

（　　　　　　　　　　　　　）

④ ぞうの　まえには　なんびき　いますか。

□ ひき

ひんと ③ 3つの　どうぶつを　かきましょう。

たしかめのテスト **10** なんばんめ

がくしゅうび　月　日

じかん **20** ぷん
／100
ごうかく **80** てん

こたえ　6 ページ

1 せんで　かこみましょう。

1つ20てん（40てん）

① ひだりから　4こ

② みぎから　6ばんめ

2 ばすが　くるのを　まって　います。

□1つ15てん（60てん）

① れいこさんは、まえから
なんばんめですか。 □ ばんめ

② れいこさんの　うしろには
なんにん　いますか。 □ にん

できたらすごい！

③ □に　あてはまる　かずを
かきましょう。

かずやさんは、まえから

□ ばんめ、うしろから

□ ばんめです。

れんしゅう

11　5は　いくつと　いくつ

こたえ　7ページ

がくしゅうび　　月　　日

れいだい

★おはじきが　5つ　あります。2つに　わけましょう。

○○○○○

○	と	○○○○
○○	と	○○○
○○○	と	○○
○○○○	と	○

🏠 **おうちのかたへ**

5を2つの数に分けて考えることができるようにします。

1 □に　あてはまる　かずを　かきましょう。

① 5は　1と　4

② 5は　2と　□

③ 5は　3と　□

④ 5は　4と　□

5を　2つに　わける　とき
「5と　0」「0と　5」と
わける　ことも　できるよ。

2 5に　なるように、□に　あてはまる　かずを
かきましょう。

① 2 ― 3　　　② 4 ― □

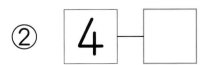

ひんと　おはじきを　つかって　かぞえて　みましょう。

れんしゅう 12 6、7は いくつと いくつ

こたえ 7ページ

れいだい

★6と 7を それぞれ 2つに わけます。
□に あてはまる かずを かきましょう。

6は と 3　｜　7は と 4

6は と 2　｜　7は と 1

おうちのかたへ
6と7を2つの数に分けて考えることができるようにします。

1 6に なるように、──で むすびましょう。

うすい せんは
なぞってね。

2 7に なるように、□に あてはまる かずを
かきましょう。

① | 1 | 6 |

② | 3 | |

③ | 5 | |

わからない ときは
おはじきを
つかって みよう。

ひんと　6は 、7は です。2つに わけて みましょう。

れんしゅう ⑬ 8、9は いくつと いくつ

こたえ 8ページ

れいだい

★8と 9を それぞれ 2つに わけます。
□に あてはまる かずを かきましょう。

8は ［•••••］と ③ ｜ 9は ［•••••••］と ③

8は ［••］と ⑥ ｜ 9は ［••••］と ⑤

おうちのかたへ
8と9を2つの数に分けて考えることができるようにします。

1 おはじきが ぜんぶで 8こ ❀❀❀❀❀❀❀❀
あります。ての なかには なんこ ありますか。

① ② ③

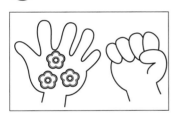  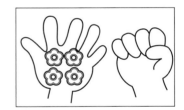

③ こと ⑤ こ ｜ ｜ こと □ こ ｜ ④ こと □ こ

2 □に あてはまる かずを かきましょう。

① 9は 1と ⑧

② 9は 3と □

わからない ときは
おはじきを
つかって みよう。

③ 9は 7と □

ひんと **2** 9は ❀❀❀❀❀❀❀❀❀です。2つに わけて みましょう。

れんしゅう 14 10は いくつと いくつ

こたえ 8ページ

れいだい

★10を 2つに わけます。□に あてはまる かずを かきましょう。

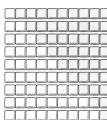

10は 2と 8

10は 6と 4

おうちのかたへ
10を2つの数に
分けて考えること
ができるようにし
ます。

1 うえの えを みて、□に あてはまる かずを かきましょう。

① 10は 1と 9

② 10は 3と □

③ 10は 5と □

④ 10は 8と □

あと いくつで
10に なるかな。

よくみて

2 10わの ひよこを 2つの かごに わけました。□に あてはまる かずを かきましょう。

 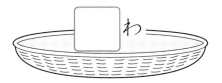 わ

ひんと 2 ひだりの かごには、4わの ひよこが います。10は 4と いくつに わけられるでしょう。

15 いくつと いくつ
1かいめ

がくしゅうび　月　日

じかん 20 ぷん　／100
ごうかく 80 てん

こたえ　9ページ

1 □に あてはまる かずを かきましょう。

1つ10てん(40てん)

① 5は 2と □

② 7は □ と 4

③ 9は 5と □

④ 10は □ と 6

2 8に なるように、――で むすびましょう。

1つ10てん(40てん)

・　　・　　・　　・

・　　・　　・　　・

3 とんぼを 6ぴき とりました。あと なんびきで、10ぴきに なりますか。

(20てん)

□ ひき

たしかめのテスト

16 いくつと いくつ
2かいめ

がくしゅうび　　月　　日
じかん 20 ぷん
／100
ごうかく 80 てん
こたえ　9ページ

1  の かずに なるように、□に あてはまる
かずを かきましょう。

1つ10てん（40てん）

①  6　　あ  2 —□　　い  5 —□

②  9　　あ  4 —□　　い  7 —□

2 てんとうむしが ぜんぶで 7ひき います。
はの うらに かくれて いるのは なんびきですか。

1つ20てん（40てん）

① 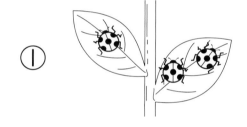　　　　 □ ひき

② 　　　　□ ひき

3 つるを 5わ おります。いま 3わ おりました。
あと なんわ おれば よいですか。

（20てん）

□ わ

17

がくしゅうび　月　日

こたえ 10 ページ

れいだい

★ 🐱🐱🐱 🐱　あわせて なんびきですか。

ときかた あわせて 4 ひきです。
　　　　 しきに かくと、
　　　　 しき 3＋1＝4　　こたえ 4 ひき
　　　　 「3 たす 1 は 4」

🏠 おうちのかたへ
2つの数を合わせるたし算を理解し、式の表し方を学びます。

---

1 あわせて なんこですか。□に あてはまる
　 かずを かきましょう。

しき ［4］＋2＝［6］　　　こたえ（　　　　）こ

📖 よくよんで

2 3さつ ふえると、なんさつに
　 なりますか。□に あてはまる
　 かずを かきましょう。

かずが ふえた ときも
たしざんを つかうよ。

しき □＋3＝□

こたえ（　　　　　）さつ

---

3 たしざんを しましょう。

①　6＋1＝［7］　　　②　5＋4＝□

れんしゅう 18 たしざん

こたえ 10 ページ

れいだい

★たしざんを します。□に あてはまる かずを かきましょう。

おうちのかたへ
和が 10までのた し算ができるよう にします。

ときかた 4＋1＝ **5**

4と 1で _5_

---

1 たしざんを しましょう。

① 1＋2＝ 3 　　② 2＋7＝ □

③ 5＋5＝ □ 　　④ 3＋4＝ □

⑤ 3＋3＝ □ 　　⑥ 6＋3＝ □

---

2 こたえが 8の かあどに ○を つけましょう。

9＋1 　　4＋4 　　3＋5

まず、たしざんの こたえを だしてね。

（ 　 ） 　（ 　 ） 　（ 　 ）

よくよんで

3 あかい はなが 5こ、 しろい はなが 2こ さいて います。ぜんぶで なんこですか。

しき [　　　　　　　　　　　　　]

こたえ（ 　　　 ）こ

ひんと ❷ こたえが 8に なる かあどは、ひとつでしょうか？

れんしゅう 19 0の たしざん

こたえ 11 ページ

れいだい

★　いれた　たまの　かずは　いくつですか。

ときかた ぜんぶで　2つです。
しきに　かくと、
2＋0＝2

こたえ　2つ

おうちのかたへ
0をたすたし算が
できるようにしま
す。

---

1 たしざんを　しましょう。

① 1＋0＝ 1

② 3＋0＝

③ 5＋0＝

④ 8＋0＝

⑤ 0＋9＝

⑥ 0＋0＝

---

2 こたえが　おなじに　なる　かあどを　――で
むすびましょう。

4＋0 ・

8＋2 ・

2＋4 ・

・ 9＋1

・ 0＋6

・ 3＋1

ひんと　0の　たしざんでは、たしても　かずが　ふえません。

こたえ 11 ページ

れいだい

★こたえが　7の　かあどに　○を　つけましょう。

1 + 5	3 + 4	5 + 2	4 + 5
（　　）	（ ○ ）	（ ○ ）	（　　）

おうちのかたへ
たし算をくり返し
練習することで、
確かな計算力をつ
けます。

ときかた それぞれの　かあどの　けいさんを　して、
7に　なる　ものを　みつけます。

1 たしざんを　しましょう。

① 4 + 2 = [6]

② 3 + 1 = [ ]

③ 2 + 5 = [ ]

④ 0 + 2 = [ ]

⑤ 1 + 7 = [ ]

⑥ 6 + 4 = [ ]

まちがいちゅうい

2 こたえが　おおきい　ほうの　かあどに　○を
つけましょう。

① 1 + 5 （　　）
　 3 + 4 （ ○ ）

② 3 + 3 （　　）
　 2 + 3 （　　）

③ 0 + 9 （　　）
　 5 + 3 （　　）

けいさんにつよくなる！
0の　ある　たしざんの　こたえの
ほうが　かならず　ちいさいとは
かぎらないよ。まずは、けいさん
して　みよう。

ひんと ② たしざんの　こたえを　だしてから、おおきさを　くらべましょう。

たしかめのテスト **21** たしざん
1かいめ

がくしゅうび　　　月　　　日

じかん **20** ぷん
／100
ごうかく **80** てん

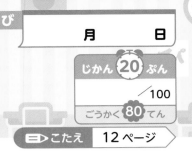

こたえ　12ページ

1 たしざんを　しましょう。

1つ10てん（60てん）

① 1＋3＝ ☐　　　② 3＋5＝ ☐

③ 5＋1＝ ☐　　　④ 2＋7＝ ☐

⑤ 2＋0＝ ☐　　　⑥ 8＋2＝ ☐

2 こたえが　おなじに　なる　さかなを　——で
むすびましょう。

1つ10てん（30てん）

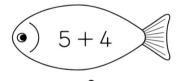 5＋4　　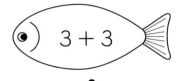 3＋3　　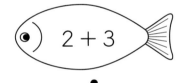 2＋3

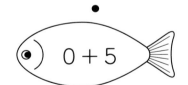 0＋5　　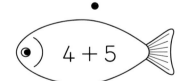 4＋5　　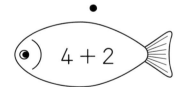 4＋2

3 こたえが　10に　なる　かあどを　もって
いる　ひとに　○を　つけましょう。

（10てん）

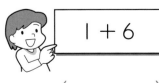 1＋6　　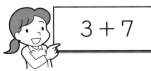 3＋7　　 4＋3

（　　）　　　（　　）　　　（　　）

22

たしかめのテスト **22** **たしざん**
2かいめ

がくしゅうび　月　日

じかん **20** ぷん
／100
ごうかく **80** てん

こたえ　12ページ

1 たしざんを　しましょう。

1つ10てん（60てん）

① 1＋8＝ ☐

② 5＋2＝ ☐

③ 3＋6＝ ☐

④ 9＋1＝ ☐

⑤ 2＋4＝ ☐

⑥ 0＋0＝ ☐

2 あと　4こ　もらうと、
ふうせんは　なんこに
なりますか。

1つ10てん（20てん）

しき ☐

こたえ（　　　　　）こ

できたらすごい！

3 さかなつりで、
けんたさんは　2ひき、
おとうさんは　6ぴき
つりました。ぜんぶで
なんびき　つれましたか。

1つ10てん（20てん）

しき ☐

こたえ（　　　　　）ひき

れいだい

★2こ たべると、なんこ のこりますか。

ときかた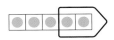

しきに かくと、

$5 - 2 = 3$

「5 ひく 2 は 3」

こたえ　3こ

おうちのかたへ
残りを求めるときのひき算を理解し、式の表し方を学びます。

「のこりは いくつ」を けいさんする ときは ひきざんを つかうよ。

① 3まい つかうと、なんまい のこりますか。
□に あてはまる かずを かきましょう。

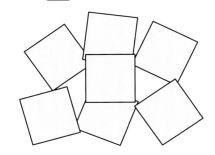

しき　$\boxed{7} - 3 = \boxed{4}$

こたえ（　4　）まい

② 4ほん けずりました。けずって いないのは なんぼんですか。

しき　_____

こたえ　□ほん

③ ひきざんを しましょう。

①　$8 - 5 = \boxed{}$　　②　$10 - 6 = \boxed{}$

ひんと　② えんぴつは 6ぽん あります。4ほん けずると、のこりは なんぼんに なるでしょう。

れんしゅう ②24 ひきざん

こたえ 13 ページ

れいだい

★ひきざんを　します。□に　あてはまる　かずを
かきましょう。

$$8 - 5 = \boxed{3}$$

とった　かずだけ　◪と
するのも　いいね。

🏠 **おうちのかたへ**
ひかれる数が 10
までのひき算がで
きるようにします。

ときかた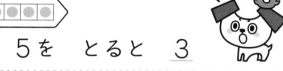

8から　5を　とると　3

① ひきざんを　しましょう。

①　2－1＝ □　　　②　4－3＝ □

③　8－3＝ □　　　④　10－5＝ □

⑤　7－7＝ □　　　⑥　4－4＝ □

② こたえが　4の　かあどに　○を　つけましょう。

$$7－4$$　　$$4－1$$　　$$9－5$$

（　　）　　（　　）　　（　　）

③ 3こ　たべると、なんこ　のこりますか。

しき □

こたえ □ こ

ひんと ● ⑤　7から　7を　ひくと　なにも　のこりません。

れんしゅう

25　0の　ひきざん、ちがいは　いくつ

こたえ 14ページ

れいだい

★いれた　たまの　かずの　ちがいは　なんこですか。

みさき　あすか

ときかた ●●●● ▷

しきに　かくと、

4－0＝4　　こたえ　4こ

🏠 **おうちのかたへ**

0をひくひき算が
できるようにしま
す。

---

1 ひきざんを　しましょう。

①　8－0＝ 8

②　5－0＝ ▢

③　3－0＝ ▢

④　1－0＝ ▢

---

2 りんごの　ほうが　なんこ
おおいですか。▢に　あてはまる
かずを　かきましょう。

「ちがいは　いくつ」と
きかれた　ときも
ひきざんを　つかうよ。

りんご　　みかん

しき 6 － 5 ＝ 1

こたえ（ 1 ）こ

🔍 **よくみて**

3 ちがいは　なんびきですか。

しき ▢

こたえ（　　）びき

👁 **ひんと** ❸ かめの　かずから　かえるの　かずを　ひきましょう。

こたえ 14ページ

れいだい

★こたえが 1の かあどに ○を つけましょう。

| 8−2 | 7−6 |
| （　　） | （ ○ ） |

| 9−8 | 5−3 |
| （ ○ ） | （　　） |

まず、
ひきざんの
こたえを だしてね。

🏠 おうちのかたへ
ひき算をくり返し
練習することで、
確かな計算力をつ
けます。

1 ひきざんを しましょう。

① 6−3 = 3

② 4−2 =

③ 5−1 =

④ 9−7 =

⑤ 10−4 =

⑥ 1−1 =

2 こたえが おなじに なる かあどを ―― で
むすびましょう。

6−0	・		・	8−3
2−2	・		・	9−3
10−5	・		・	7−4
4−1	・		・	5−5

ひんと ❷ まず ひきざんを して こたえを だしましょう。

たしかめのテスト **27** ひきざん
1かいめ

がくしゅうび　月　日

じかん **20** ぷん
/100
ごうかく **80** てん

こたえ　15ページ

1 ひきざんを　しましょう。

1つ10てん（60てん）

① 4−2=□　　　② 5−1=□

③ 8−0=□　　　④ 10−2=□

⑤ 9−9=□　　　⑥ 7−6=□

2 こたえが　おなじに　なる　さかなを　──で
むすびましょう。

1つ10てん（30てん）

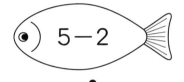 5−2　　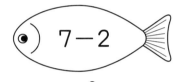 7−2　　 3−1

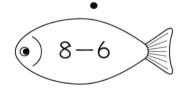 8−6　　 9−6　　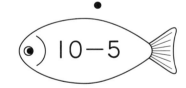 10−5

できたらすごい！

3 ふたつの　かあどの　こたえの　ちがいは
いくつですか。

（10てん）

 10−8　　9−3

（　　　）

28

たしかめのテスト 28 ひきざん

2かいめ

こたえ 15 ページ

1 ひきざんを　しましょう。

1つ10てん（60てん）

①　7−1＝ □　　　②　6−5＝ □

③　8−8＝ □　　　④　9−2＝ □

⑤　9−5＝ □　　　⑥　10−0＝ □

2 3びき　あげると、なんびき
のこりますか。

1つ5てん（10てん）

10ぴき

しき □

こたえ（　　　）ひき

できたらすごい！

3 ゆうたさんは　いろがみを　5まい、
まゆみさんは　8まい　もって　います。どちらが
なんまい　おおいですか。

1つ10てん（30てん）

しき □

こたえ（　　　　　）が
（　　）まい　おおい。

29 けいさんの ふくしゅうテスト①
1かいめ

ほんぶん 2〜29ページ こたえ 16ページ

1 あわせて 10に なるように □に かずを かきましょう。

1つ5てん(20てん)

① 10 / 7

② 10 / 2

③ 10 / 1

④ 10 / 6

2 たしざんを しましょう。

1つ5てん(40てん)

① 1+7=☐   ② 3+2=☐

③ 5+2=☐   ④ 2+4=☐

⑤ 3+6=☐   ⑥ 8+0=☐

⑦ 4+4=☐   ⑧ 9+1=☐

3 ひきざんを しましょう。

1つ5てん(40てん)

① 4−1=☐   ② 7−2=☐

③ 8−5=☐   ④ 6−1=☐

⑤ 9−4=☐   ⑥ 8−6=☐

⑦ 10−3=☐   ⑧ 4−0=☐

30 けいさんの ふくしゅうテスト①

2かいめ

ほんぶん 2〜29ページ　こたえ 16ページ

1 こたえが 5に なる ものに ○を つけましょう。

ぜんぶ できて（20てん）

① $1+3$　② $7-2$　③ $2+3$　④ $6-1$

（　　）　　（　　）　　（　　）　　（　　）

2 たしざんを しましょう。

1つ5てん（40てん）

① $3+5=$□　② $4+5=$□

③ $7+3=$□　④ $2+8=$□

⑤ $6+1=$□　⑥ $1+5=$□

⑦ $0+3=$□　⑧ $5+5=$□

3 ひきざんを しましょう。

1つ5てん（40てん）

① $6-3=$□　② $7-4=$□

③ $9-8=$□　④ $10-0=$□

⑤ $7-6=$□　⑥ $5-3=$□

⑦ $10-7=$□　⑧ $8-2=$□

れんしゅう

31 20までの かずの かぞえかたと かきかた

こたえ 17ページ

れいだい

★20までの かずを おぼえましょう。

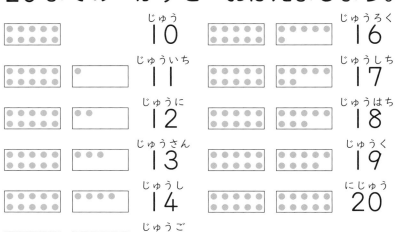

おうちのかたへ
20までの数字の
読みかきができる
ようにします。

---

1 すうじで かきましょう。

① じゅうさん 13　② じゅうしち ☐

2 つぎの かずを すうじで かきましょう。

① と ☐

14

② と ☐

3 いくつ ありますか。すうじで かきましょう。

①
（　　　）こ

10と いくつ
あるかな？
2ずつや 5ずつ
かぞえてみよう。

②
（　　　）こ

ひんと ❸ ② 5こずつ ふくろに はいって います。

れんしゅう

32 20までの かず

こたえ 17ページ

れいだい

★□に はいる かずを かきましょう。

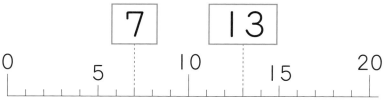

| 7 | | 13 |

0　5　10　15　20

・ひとめもりは 1。
・みぎに いくほど かずが おおきい。

おうちのかたへ

数直線を使って、数の並び方の規則を見つけることができるようにします。

---

1 どちらが おおきいですか。おおきい ほうに ○を つけましょう。

① 16 ・・・・・・ ( )　② 20 ( )
　19 ・・・・・・ (○)　　 14 ( )

2 □に あてはまる かずを かきましょう。

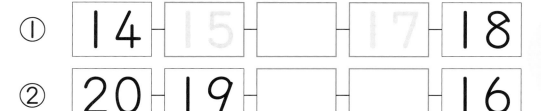

① 14 — 15 — □ — 17 — 18
② 20 — 19 — □ — □ — 16

うえは 1ずつ おおきく なって、したは 1ずつ ちいさく なって いるね。

3 □に はいる かずを かきましょう。

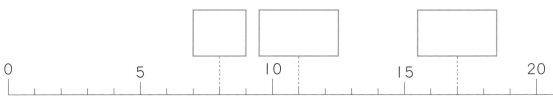

0　5　10　15　20

ひんと ❸ かずの せんでは かずが みぎに 1ずつ ふえて います。

れんしゅう ③③ たしざん

こたえ　18ページ

れいだい

★10＋3、12＋5は　いくつですか。

ときかた

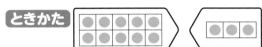

3を　たすと　10＋3＝13

5を　たすと　12＋5＝17

おうちのかたへ
20までの数を、「10といくつ」と考えて、10と3や、10と「2＋5」で求めます。

1 たしざんを　しましょう。

① 10＋2＝ 12

② 10＋5＝

③ 10＋9＝　　　　　④ 10＋7＝

2 たしざんを　しましょう。

① 13＋2＝ 15

② 15＋3＝

③ 16＋2＝　　　　　④ 11＋8＝

3 □に　はいる　かずは　いくつですか。

12と　4を　あわせた　かず

□＋4＝□

たしざんの
しきが
つくれるかな？

ひんと **2** ① 10は　そのままで、3＋2の　けいさんを　しましょう。

34

れんしゅう ㉞ ひきざん

こたえ 18ページ

れいだい

★15−5、15−2は いくつですか。

ときかた

5を とると　15−5=<u>10</u>

2を とると　15−2=<u>13</u>

おうちのかたへ

20までの数を「10といくつ」と考えて、10と「5−5」や、10と「5−2」で求めます。

---

1 ひきざんを しましょう。

① 12−2=| 10 |

② 16−6=| |

③ 14−4=| |　　④ 19−9=| |

---

2 ひきざんを しましょう。

① 14−3=| 11 |

② 17−4=| |

③ 13−2=| |　　④ 16−5=| |

！まちがいちゅうい

3 □に はいる かずは いくつですか。

13−□=10

13から いくつ とると
10に なるかな？

ひんと ❸ 13は 10と 3です。いくつ とると 10に なるか かんがえましょう。

たしかめのテスト ③⑤ 10より おおきい かず

じかん 20ぷん　／100
ごうかく 80 てん
こたえ　19ページ

1 □に はいる かずを かきましょう。　1つ4てん（16てん）

① 10と 6で ☐

② 10と 8で ☐

③ 13は 10と ☐

④ 20は 10と ☐

2 いくつ ありますか。すうじで かきましょう。

1つ4てん（16てん）

①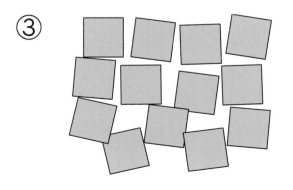

（　　　）こ

②

（　　　）こ

③

（　　　）まい

④

（　　　）ほん

③ いちばん おおきい かずに ○を つけましょう。

1つ4てん（8てん）

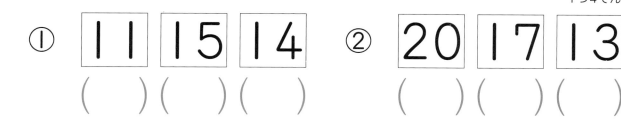

① | 11 | 15 | 14 | ② | 20 | 17 | 13 |

（　　）（　　）（　　）　　　（　　）（　　）（　　）

④ □に はいる かずを かきましょう。 □1つ5てん（20てん）

① | 15 |—|　　|—| 17 |—| 18 |—|　　|

できたらすごい！

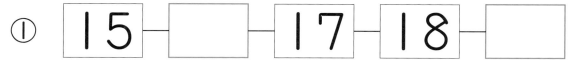

② | 20 |—| 18 |—|　　|—|　　|—| 12 |

⑤ けいさんを しましょう。

1つ5てん（40てん）

① 10＋4＝□　　　② 12＋2＝□

③ 17＋1＝□　　　④ 14＋5＝□

⑤ 18－8＝□　　　⑥ 15－3＝□

⑦ 19－6＝□　　　⑧ 16－1＝□

こたえ　20 ページ

れいだい

★よみましょう。

| 10 |じ

| 2 |じ| はん |

おうちのかたへ
○時、○時はんの
時刻が読めるよう
にします。

とけいには
ながい　はりと
みじかい
はりが　あるよ。

1 よみましょう。

①

| 6 |じ

②

| |じ

③

| |じはん

④

| |

よくみて

2 9じはんに　なるように
とけいの　はりを　かきましょう。

ひんと ② ながい　はりを　かきましょう。

たしかめのテスト

37 なんじ なんじはん

1 よみましょう。

1つ15てん（60てん）

①

（　　　　　　）

②

（　　　　　　）

③

（　　　　　　）

④

（　　　　　　）

2 とけいの　はりを　かきましょう。

1つ20てん（40てん）

① 9じ

② 12じはん

れんしゅう

38　●＋▲＋■

こたえ　21 ページ

★3つの　かずの　たしざんを　しましょう。

れいだい

ときかた　3＋1＋6＝ $\boxed{10}$

① ②

①　3＋1＝ $\boxed{4}$

②　$\boxed{4}$ ＋6＝10

まえの　2つの
かずの　たしざんを
して、その　こたえに
のこった　かずを
たすよ。

おうちのかたへ

3つの数のたし算
ができるようにし
ます。

1　☐に　あてはまる　かずを　かきましょう。

6＋4＋2の　けいさんを　します。

6＋4＋2
① ②

①　6＋4＝ $\boxed{10}$

②　$\boxed{10}$ ＋2＝ $\boxed{12}$

こたえは　$\boxed{12}$ に　なります。

2　たしざんを　しましょう。

①　3＋4＋1＝☐　　②　5＋2＋2＝☐

③　7＋1＋2＝☐　　④　2＋3＋5＝☐

⑤　8＋2＋3＝☐　　⑥　7＋3＋8＝☐

ひんと　② まえから　じゅんに　けいさんを　しましょう。

40

れんしゅう 39 ●－▲－■

こたえ 21 ページ

れいだい

★3つの かずの ひきざんを しましょう。

ときかた 10－2－4＝ 4

① 10－2＝ 8

② 8 －4＝4

おうちのかたへ
3つの数のひき算ができるようにします。

まえの 2つの かずの ひきざんを して、その こたえから のこった かずを ひくよ。

1 □に あてはまる かずを かきましょう。

16－6－3の けいさんを します。

16－6－3

① 16－6＝ 10

② 10 －3＝ 7

こたえは 7 に なります。

2 ひきざんを しましょう。

① 6－1－2＝□　② 9－3－4＝□

③ 10－5－3＝□　④ 10－4－2＝□

⑤ 15－5－4＝□　⑥ 18－8－5＝□

ひんと ② まえから じゅんに けいさんを しましょう。

れんしゅう **40** ●−▲＋■

こたえ 22ページ

れいだい

★ひきざんと たしざんの まじった
3つの かずの けいさんを しましょう。

ときかた 7−4＋2＝ 5

① 7−4＝ 3

② 3 ＋2＝5

まえの 2つの
かずの ひきざんを
して、その こたえに
のこった かずを
たすよ。

おうちのかたへ
ひき算とたし算の
まじった3つの数
の計算ができるよ
うにします。

---

1 □に あてはまる かずを かきましょう。

10−7＋2の けいさんを します。

10−7＋2

① 10−7＝ 3

② 3 ＋2＝ 5

こたえは 5 に なります。

---

2 けいさんを しましょう。

① 9−6＋4＝ □

② 10−6＋3＝ □

③ 14−4＋3＝ □

④ 19−9＋2＝ □

れんしゅう

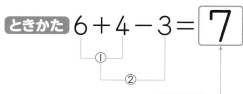

こたえ 22 ページ

れいだい

★たしざんと ひきざんの まじった
3つの かずの けいさんを しましょう。

ときかた 6＋4－3＝ $\boxed{7}$

① 6＋4＝ $\boxed{10}$

② $\boxed{10}$ －3＝7

まえの 2つの かずの
たしざんを して、その
こたえから のこった
かずを ひくよ。

おうちのかたへ
たし算とひき算の
まじった3つの数
の計算ができるよ
うにします。

---

1 □に あてはまる かずを かきましょう。

4＋2－1の けいさんを します。

4＋2－1

① 4＋2＝ $\boxed{6}$

② $\boxed{6}$ －1＝ $\boxed{5}$

こたえは $\boxed{5}$ に なります。

---

2 けいさんを しましょう。

① 2＋5－4＝ □ ② 7＋3－5＝ □

③ 10＋7－2＝ □ ④ 15＋2－4＝ □

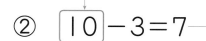 **ひんと** ❷ はじめに たしざんの こたえを だしましょう。

 たしかめのテスト **42** 3つの かずの けいさん

1かいめ

がくしゅうび 月 日

じかん 20ぷん /100

ごうかく 80てん

こたえ 23ページ

1 けいさんを しましょう。

1つ5てん(40てん)

① 6+2+2= ☐

② 9+1+4= ☐

③ 10-3-4= ☐

④ 19-9-2= ☐

⑤ 10-5+3= ☐

⑥ 17-7+1= ☐

⑦ 8+1-5= ☐

⑧ 1+9-2= ☐

2 こたえが おおきい ほうに ○を つけましょう。

1つ10てん(40てん)

① 3+3+2 1+4+1
( ) ( )

② 10-3-2 12-2-4
( ) ( )

③ 17-7+5 14+5-8
( ) ( )

④ 2+8-1 3+6-2
( ) ( )

できたらすごい!

3 なしを 10こ もらいました。
きのう 1こ たべました。きょう
4こ たべました。のこりは なんこに
なりましたか。1つの しきに かいて
こたえましょう。

1つ10てん(20てん)

しき ☐ こたえ ( )こ

43 3つの かずの けいさん

2かいめ

1 こたえが おなじに なる はっぱを ―――で
むすびましょう。

1つ15てん(60てん)

5＋1＋4　　10－4＋2　　10－2－2　　7＋3－1

・　　　　　・　　　　　・　　　　　・

・　　　　　・　　　　　・　　　　　・

4＋6－4　　4＋2＋3　　8－3＋5　　14－4－2

2 1つの しきに かいて こたえましょう。

1つ10てん(40てん)

① きってを 6まい もって います。2まい
つかいましたが、おにいさんから 4まい
もらいました。なんまいに なりましたか。

しき

こたえ（　　　　　）まい

できたらすごい!

② ばすに 7にん のって います。3にん
のって きて、5にん おりました。なんにん
のって いますか。

しき

こたえ（　　　　　）にん

45

れんしゅう 44 9+●

こたえ 24 ページ

れいだい

★9+3の けいさんを しましょう。

ときかた

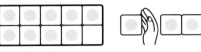

3を 1と 2に わけます。
9に 1を たして 10
10と 2で 12

9+3=12

おうちのかたへ
「9+●」のくり上がりのあるたし算ができるようにします。

---

① □に あてはまる かずを かきましょう。
9+5の けいさんを します。

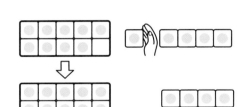

9+5=14

9は あと 1 で 10に なります。
5を 1 と 4 に わけます。
9に 1 を たして 10
10と 4 で 14

9は あと いくつで 10に なるかを
かんがえて、10の まとまりを つくろう!

---

② たしざんを しましょう。

① 9+2=

② 9+6=

③ 9+8=

④ 9+9=

ひんと ② ① 2を 1と 1に わけて、9に 1を たしましょう。

れんしゅう 45 8＋●

こたえ 24 ページ

れいだい

★ 8＋5の けいさんを しましょう。

ときかた

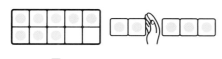

5を 2と 3に わけます。
8に 2を たして 10
10と 3で 13

8＋5＝13

🏠 **おうちのかたへ**
「8＋●」のくり上がりのあるたし算ができるようにします。

---

1 ☐に あてはまる かずを かきましょう。
8＋4の けいさんを します。

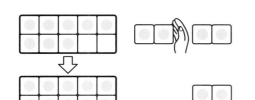

8は あと 2 で
10に なります。
4を 2 と 2 に わけます。
8に 2 を たして 10
10と 2 で 12

8＋4＝12

8は あと いくつで 10に なるかを かんがえよう。

---

2 たしざんを しましょう。

① 8＋6＝☐　　② 8＋8＝☐

③ 8＋7＝☐　　④ 8＋9＝☐

😊 **ひんと** ❷ ① 6を 2と 4に わけて、8に 2を たしましょう。

れんしゅう 46 7+●、6+●

こたえ 25 ページ

れいだい

★7+5の けいさんを しましょう。

ときかた

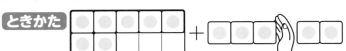

おうちのかたへ
「7+●」のくり上がりのあるたし算ができるようにします。

5を 3と 2に わけます。
7に 3を たして 10
10と 2で 12
7+5=12

7は あと いくつで
10に なるかを
かんがえよう。

1 □に あてはまる かずを かきましょう。
6+5の けいさんを します。

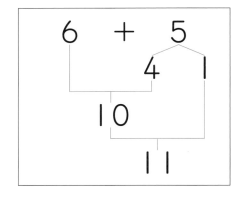

6は あと 4 で
10に なります。
5を 4 と 1 に わけます。
6に 4 を たして 10
10と 1 で 11

6+5= 11

まず、10の まとまりを
つくるんだよ。

2 たしざんを しましょう。

① 7+6=□　　② 7+8=□

③ 6+8=□　　④ 6+9=□

ひんと ❷ 7に 3を たすと、10に なります。6に 4を たしても、10に なります。

れんしゅう

47　5＋●、4＋●、3＋●、2＋●

こたえ　25 ページ

れいだい

★5＋8の　けいさんを　しましょう。

ときかた

```
8を　5と　3に　わけます。
5に　5を　たして　10
10と　3で　13
5＋8＝13
```

おうちのかたへ

「5＋●」のくり上がりのあるたし算ができるようにします。

8に　2を　たして　10
10と　3で
13でも　いいよ。

1　　□に　はいる　かずを　かきましょう。

① 4＋7 →

```
4に 6 を たして 10
10 と 1 で 11
```

② 3＋8 →

```
3に □ を たして □
10 と □ で □
```

③ 2＋9 →

```
2に □ を たして □
10 と □ で □
```

2　たしざんを　しましょう。

① 5＋6＝□　　　② 4＋8＝□

③ 3＋9＝□　　　④ 5＋9＝□

ひんと
❷ ① 6を　5と　1に　わけて、5に　5を　たすと　10です。
5を　4と　1に　わけて、6に　4を　たしても　10に　なります。

49

れいだい

★□に あてはまる かずを かきましょう。

ときかた　$5+9$ = 14

⬇

5に 5 を たして 10
10と 4 で 14

おうちのかたへ

1けたどうしのくり上がりのあるたし算ができるようにします。

9に 1を たして 10
10と 4で 14 という
かんがえかたも あるよ。

1 たしざんを しましょう。

① $9+7=$ 16 　　② $8+9=$ □

③ $6+6=$ □ 　　④ $5+7=$ □

⑤ $3+9=$ □ 　　⑥ $2+9=$ □

2 あわせて なんこ ありますか。

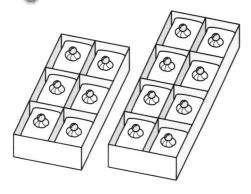

しき □ + □ = □

こたえ （　　　）こ

ひんと　❶ あと いくつで 10に なるか かんがえて、かずを 2つに わけましょう。

れんしゅう

49 たしざんの れんしゅう(2)

こたえ　26 ページ

れいだい

★□に あてはまる かずを かきましょう。

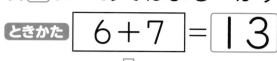

ときかた　$6+7$ = 13

$\downarrow$

6に 4 を たして 10
10と 3 で 13

おうちのかたへ

くり上がりのある
たし算は、10 の
まとまりをつくる
ことが、ポイント
です。

7に 3を たして 10
10と 3で 13でも
いいよ。

1 たしざんを しましょう。

① $7+7=$ 14

② $8+8=$

③ $8+5=$

④ $7+8=$

⑤ $4+9=$

⑥ $5+6=$

2 こたえが 11に なる かあどに ○を
つけましょう。

$4+6$

(　　)

$3+8$

(　　)

$2+9$

(　　)

$5+7$

(　　)

$6+5$

(　　)

$8+4$

(　　)

ひんと ② こたえが 11に なる かあどは、3まい あります。

がくしゅうび　月　日
じかん 20 ぷん　/100
ごうかく 80 てん
こたえ 27 ページ

1 たしざんを しましょう。

1つ10てん（60てん）

① 9＋7＝ [　　　]

② 8＋3＝ [　　　]

③ 7＋7＝ [　　　]

④ 6＋9＝ [　　　]

⑤ 5＋9＝ [　　　]

⑥ 4＋8＝ [　　　]

2 こたえが おおきい ほうの かあどに ○を
つけましょう。

1つ10てん（30てん）

① 5＋8　6＋5
（　　）（　　）

② 4＋9　8＋8
（　　）（　　）

③ 7＋6　2＋9
（　　）（　　）

できたらすごい！

3 なんと かいて ありますか。
こたえが ちいさい じゅんに ならべましょう。

（10てん）

3＋9	7＋8	9＋9	4＋7	8＋6
く	ん	ぼ	か	れ

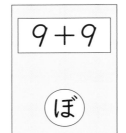
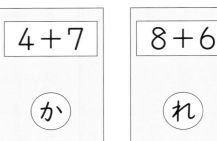

（　　）（　　）（　　）（　　）（　　）

 たしかめのテスト

51 くりあがりの ある たしざん
2かいめ

がくしゅうび　　月　　日

じかん 20 ぷん
／100
ごうかく 80 てん

こたえ 27 ページ

1 たしざんを しましょう。

1つ10てん（40てん）

① 3＋9＝ ☐　　　② 4＋8＝ ☐

③ 7＋8＝ ☐　　　④ 9＋9＝ ☐

2 こたえが おなじに なる くるまを ―― で
むすびましょう。

1つ10てん（40てん）

 8＋6　　 7＋6　　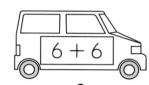 6＋6　　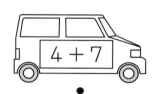 4＋7

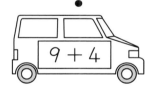 9＋4　　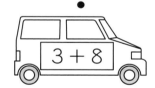 3＋8　　 9＋3　　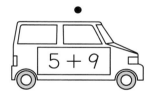 5＋9

できたらすごい！

3 みさきさんは 8さいです。おねえさんは
みさきさんより 5さい うえです。おねえさんは
なんさいですか。

1つ10てん（20てん）

しき ☐

こたえ （　　　　　） さい

れんしゅう 52 ●−9

こたえ 28ページ

れいだい

★12−9の けいさんを しましょう。

ときかた

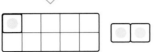

10から 9を
ひいて 1

1と 2で 3　　12−9=3

🏠 おうちのかたへ

「●−9」のくり下
がりのあるひき算
ができるようにし
ます。

① □に あてはまる かずを かきましょう。

14−9の けいさんを します。

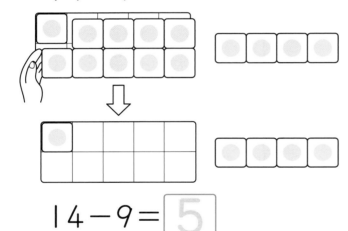

10から 9 を
ひいて 1
1と 4 で 5

14−9= 5

＋− けいさんにつよくなる！×÷

10の ほうから さきに ひくことを
わすれないように しよう。

② ひきざんを しましょう。

①　11−9=☐　　　②　16−9=☐

③　17−9=☐　　　④　18−9=☐

④は 18を 10と 8に わけて
10から 9を ひくんだよ。

ひんと ② ① 11を 10と 1に わけて、10から 9を ひきましょう。

れんしゅう 53 ●−8

こたえ 28 ページ

れいだい

★13−8の けいさんを しましょう。

ときかた

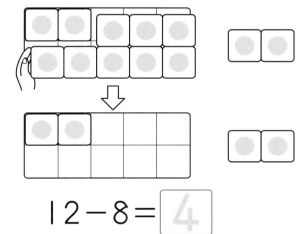

10から 8を
ひいて 2

2と 3で 5　13−8=5

🏠 おうちのかたへ

「●−8」のくり下がりのあるひき算ができるようにします。

---

1 □に あてはまる かずを かきましょう。

12−8の けいさんを します。

10から 8を
ひいて 2
2と 2で 4

12−8=4

---

2 ひきざんを しましょう。

① 14−8=□　　② 15−8=□

③ 16−8=□

②は 15を 10と 5に わけて
10から 8を ひくんだよ。

●ひんと ❷ ① 14を 10と 4に わけて、10から 8を ひきましょう。

れんしゅう

54 ●−7、●−6

こたえ 29 ページ

れいだい

★11−7の けいさんを しましょう。

ときかた

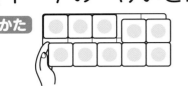

10 から 7を
ひいて 3

3と 1で 4　11−7=4

🏠 **おうちのかたへ**

「●−7」のくり下がりのあるひき算ができるようにします。

---

1 □に あてはまる かずを かきましょう。

14−6の けいさんを します。

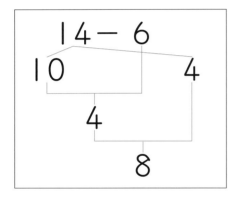

14 を 10 と 4 に
わけます。
10から 6 を ひいて 4
4と 4 で 8

14−6= 8

---

2 ひきざんを しましょう。

① 13−7=□　　② 16−7=□

③ 11−6=□　　④ 13−6=□

④は 13を 10と 3に わけて
10から 6を ひくんだよ。

ひんと ❷ ひかれる かずを 10と いくつに わけましょう。

56

れんしゅう

55 ●−5、●−4、●−3、●−2

こたえ 29 ページ

れいだい

★12−4の けいさんを しましょう。

ときかた

10から 4を
ひいて 6

6と 2で 8　　12−4＝8

🏠 **おうちのかたへ**

「●−4」のくり下がりのあるひき算ができるようにします。

---

1 □に あてはまる かずを かきましょう。

① 13−5　→　10から 5を ひいて 5
　　　　　　　5 と 3 で 8

② 12−3　→　10から 3を ひいて 7
　　　　　　　□ と □ で □

③ 11−2　→　10から 2を ひいて 8
　　　　　　　□ と □ で □

---

2 ひきざんを しましょう。

① 11−4＝□　　② 12−5＝□

③ 14−5＝□　　④ 11−3＝□

2つの けいさんの しかたが あるよ。
けいさんしやすい しかたで かんがえてね。

 **ひんと**

❷ ① 11を 10と 1に わけて、10から 4を ひくと 6です。
　　4を 1と 3に わけて、11から 1を ひくと 10です。

れんしゅう

56 ひきざんの れんしゅう⑴

こたえ 30 ページ

がくしゅうび　月　日

れいだい

★ □に あてはまる かずを かきましょう。

ときかた　$15 - 7 = 8$

↓

$$10 から 7 を ひいて 3$$
$$3 と 5 で 8$$

おうちのかたへ

「2けた－1けた＝1けた」で、くり下がりのあるひき算ができるようにします。

15から 5を ひいて 10
10から 2を ひいて 8
でも いいよ。

---

1 ひきざんを しましょう。

① $15 - 9 = 6$　　② $17 - 8 = $

③ $14 - 6 = $　　④ $11 - 6 = $

⑤ $12 - 5 = $　　⑥ $13 - 4 = $

2 こたえが 4に なる めだるに ○を つけましょう。

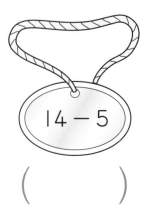
$14 - 5$
（　）

$12 - 8$
（　）

$16 - 9$
（　）

$11 - 7$
（　）

ひんと ② こたえが 4に なる めだるは 2こ あります。

れんしゅう

57 ひきざんの れんしゅう(2)

こたえ 30 ページ

れいだい

★□に あてはまる かずを かきましょう。

ときかた $13 - 4 = 9$

⬇

> 10から 4 を ひいて 6
> 6と 3 で 9

おうちのかたへ

「2けた−1けた＝1けた」で、くり下がりのあるひき算ができるようにします。

13から 3を
ひいて 10
10から 1を
ひいて 9
でも いいよ。

---

1 ひきざんを しましょう。

① $18 - 9 = \boxed{9}$　　② $14 - 7 = \boxed{}$

③ $11 - 5 = \boxed{}$　　④ $16 - 8 = \boxed{}$

⑤ $15 - 8 = \boxed{}$　　⑥ $17 - 9 = \boxed{}$

よくみて

2 なかの かずから そとの かずを ひきましょう。

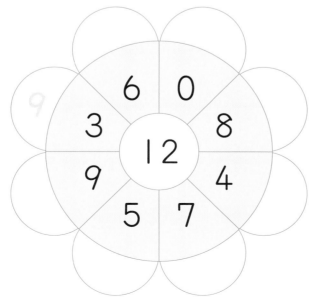

ひんと ❷ 12から いろいろな かずを ひきましょう。

たしかめのテスト **58** くりさがりの ある ひきざん
1 かいめ

がくしゅうび　月　日

じかん **20** ぷん
/100
ごうかく **80** てん

こたえ　**31** ページ

1 ひきざんを しましょう。

1つ10てん（60てん）

① 13−9=☐　　② 13−5=☐

③ 11−7=☐　　④ 15−6=☐

⑤ 12−5=☐　　⑥ 11−9=☐

2 こたえが おおきい ほうの かあどに ○を
つけましょう。

1つ10てん（30てん）

① 14−5 13−6　　② 12−6 15−7

（　　）（　　）　　（　　）（　　）

③ 11−2 16−8

（　　）（　　）

できたらすごい！

3 なんと かいて ありますか。
こたえが おおきい じゅんに ならべましょう。

（10てん）

| 11−3 | 12−7 | 14−8 | 12−9 | 13−4 |
| に | っ | ご | こ | お |

〇〇〇〇〇

たしかめのテスト **59** くりさがりの ある ひきざん
2かいめ

がくしゅうび 月 日

じかん **20** ぷん
/100
ごうかく **80** てん

こたえ 31 ページ

1 ひきざんを しましょう。

1つ10てん（40てん）

① 11−8=□

② 15−7=□

③ 14−9=□

④ 13−4=□

2 こたえが 7 に なります。かあどの かくれて
いる かずを □に かきましょう。

1つ10てん（40てん）

① 13−□

② 14−□

③ 15−□

④ 12−□

できたらすごい！

3 かびんに あかい はなが 6ぽん、しろい
はなが 14ほん さして あります。どちらの
はなが なんぼん おおいですか。

しき10てん、こたえ1つ5てん（20てん）

しき □

こたえ （　　　　） はなが
（　　　　）ほん おおい。

61

60 けいさんの ふくしゅうテスト②

1かいめ

ほんぶん 32〜61ページ こたえ 32ページ

1 けいさんを しましょう。　　　1つ5てん(20てん)

① $10+6=$ ☐　　② $11+8=$ ☐

③ $11-1=$ ☐　　④ $17-4=$ ☐

2 けいさんを しましょう。　　　1つ5てん(20てん)

① $6+4+5=$ ☐　　② $10-2-4=$ ☐

③ $7-5+8=$ ☐　　④ $5+4-6=$ ☐

3 たしざんを しましょう。　　　1つ5てん(30てん)

① $5+7=$ ☐　　② $6+6=$ ☐

③ $9+2=$ ☐　　④ $8+4=$ ☐

⑤ $7+8=$ ☐　　⑥ $5+9=$ ☐

4 ひきざんを しましょう。　　　1つ5てん(30てん)

① $14-8=$ ☐　　② $11-5=$ ☐

③ $17-9=$ ☐　　④ $13-6=$ ☐

⑤ $12-4=$ ☐　　⑥ $15-7=$ ☐

61 けいさんの　ふくしゅうテスト②

2かいめ

ほんぶん　32〜61 ページ　こたえ　32 ページ

1 けいさんを　しましょう。

1つ5てん（20てん）

① 10+5= ☐

② 13+4= ☐

③ 14−4= ☐

④ 16−2= ☐

2 けいさんを　しましょう。

1つ5てん（20てん）

① 2+8+7= ☐

② 18−8−4= ☐

③ 17−7+5= ☐

④ 10+6−1= ☐

3 たしざんを　しましょう。

1つ5てん（30てん）

① 7+6= ☐

② 8+5= ☐

③ 8+8= ☐

④ 9+9= ☐

⑤ 3+8= ☐

⑥ 4+7= ☐

4 ひきざんを　しましょう。

1つ5てん（30てん）

① 11−2= ☐

② 13−5= ☐

③ 14−9= ☐

④ 12−7= ☐

⑤ 17−8= ☐

⑥ 11−8= ☐

63

れんしゅう

62 100までの　かずの　かぞえかたと　かきかた

こたえ 33ページ

れいだい

★ すうじで　かきましょう。

ときかた

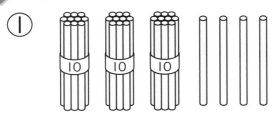

2	3
十のくらい	一のくらい

10が　2つと
1が　3つで　23

23
にじゅうさん

おうちのかたへ
100までの数の
数え方、よみ方、
かき方がわかるよ
うにします。

---

1 すうじで　かきましょう。

①

34 本（ほん）

②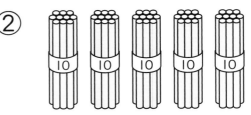

□ 本（ぽん）

ばらの　かずが　ない　ときは、
一のくらいは　0だよ。
6と　まちがえないように。

---

2 □に　あてはまる　かずを　かきましょう。

① 10が　4つと　1が　7つで　**47**

② 58は　10が　□つと　1が　□つ

③ 十のくらいが　8、一のくらいが　6の　かずは
□

ひんと
1 ② 10の　まとまりが　2つで　20　です。
10の　まとまりが　6つ　あるから…？

がくしゅうび　　月　　日

こたえ　33ページ

れいだい

★なん本　ありますか。

ときかた

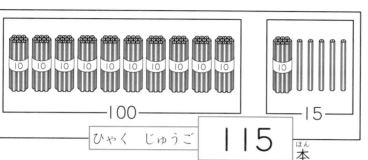

ひゃく　じゅうご　115 本

おうちのかたへ
100より大きい
数の順序や並び方
がわかるようにし
ます。

---

1 すうじで　かきましょう。

①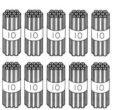

131 本

②

本

よくみて

2 □に　あてはまる　かずを　かきましょう。

① 75 — 76 — 77 — ☐ — 79

② 43 — 42 — ☐ — 40 — ☐

③ ☐ — 100 — ☐ — ☐ — 103

ひんと ❶ ② 100本と　5本　あります。十のくらいの　すうじは　0です。

たしかめのテスト 64 大きい かず

1 □に あてはまる かずを かきましょう。

□1つ5てん(20てん)

① 10が 3つと 1が 2つで □

② 58は 10が □つと 1が □つ

③ 十のくらいが 8、一のくらいが 6の かずは □

2 かずが 大きい ほうに ○を つけましょう。

1つ5てん(20てん)

① 91 73
（　）（　）

② 36 42
（　）（　）

③ 50 55
（　）（　）

④ 98 97
（　）（　）

3 □に あてはまる かずを かきましょう。

□1つ5てん(25てん)

① 89 — □ — □ — 92 — 93

できたらすごい！

② 60 — □ — 80 — □ — □

4 すうじで かきましょう。

①

②

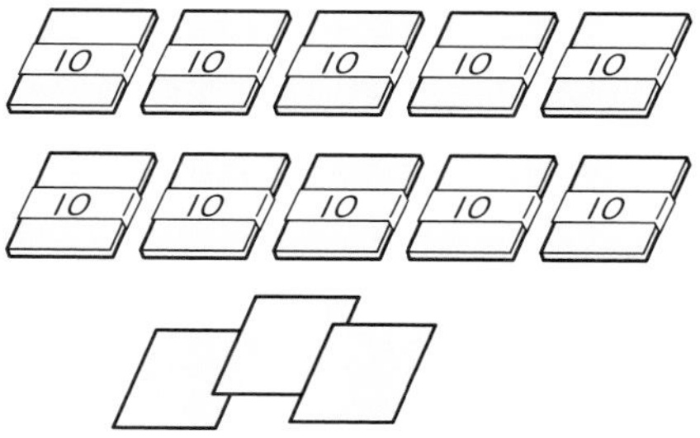

　　　　　　　　本

　　　　　　　　まい

できたらすごい！

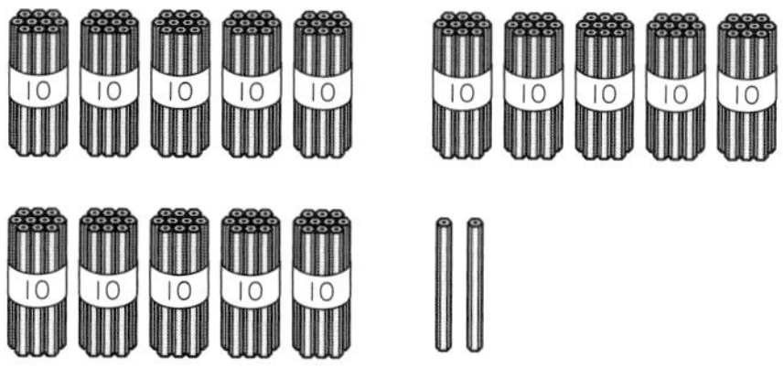

5 あてはまる ボールの かずを かきましょう。

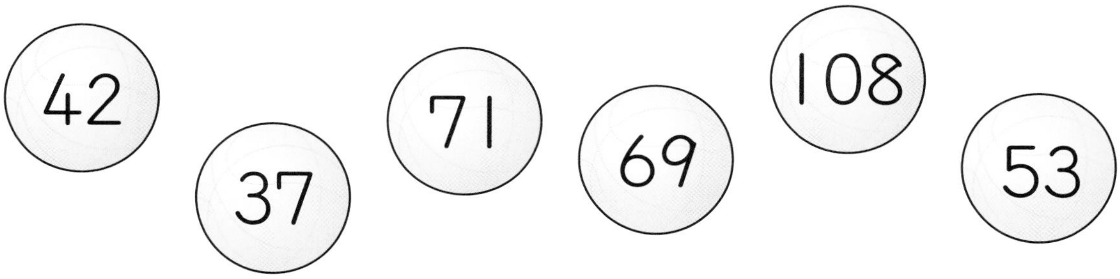

① 十のくらいが 3の かず

② 70より 1 小さい かず

③ 100より 大きい かず

★よみましょう。

れいだい

ときかた

みじかい　はりは　8　じ

ながい　はりは　6　ぷんを

さして　いるので

8　じ　6　ぷん

おうちのかたへ
時計を見て、時刻が○時○分までいえるようにします。

1 **よみましょう。**

①

②

③

① 1 じ 25 ふん　　② □ じ □ ふん　　③ □ じ □ ふん

2 **とけいの　はりを　かきいれましょう。**

① 2 じ 35 ふん 　　　② 11 じ 20 ぷん

ひんと　**1** ②　みじかい　はりは　3と　4の　あいだを　さして　いるから、3じです。

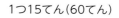
たしかめのテスト **66** なんじなんぷん

1 よみましょう。

1つ15てん（60てん）

 ①

☐ じ ☐ ふん

②

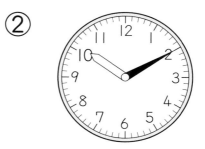

☐ じ ☐ ぷん

③

☐ じ ☐ ぷん

④

☐ じ ☐ ぷん

できたらすごい！

2 よみましょう。

1つ20てん（40てん）

①

☐ じ ☐ ふん

②

☐ じ ☐ ふん

れんしゅう　67　おなじ　かずずつ

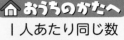
こたえ　36ページ

れいだい

★こどもが　3人　います。
あめを　1人に　3こずつ　あげます。
みんなで　なんこ　いりますか。

ときかた　えや　しきに　かいて　たしかめます。

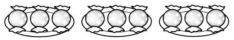

$$3 + 3 + 3 = 9$$

こたえ　9こ

🏠 **おうちのかたへ**
1人あたり同じ数ずつ分けて、○人分では、いくついるかを計算できるようにします。

1 3人の　こどもに　みかんを　4こずつ　あげます。
みんなで　なんこ　いりますか。
□に　あてはまる　かずを　かきましょう。

$$4 + 4 + 4 = \boxed{}$$

$\boxed{}$ こ

2 りんごが　6こ　あります。
1人に　2こずつ　あげると　なん人に
あげられますか。
□に　あてはまる　かずを　かきましょう。

$\boxed{}$ 人

しきで　たしかめましょう。

$$\boxed{} + \boxed{} + \boxed{} = 6$$

 ❷　2こずつ　たして　こたえを　6に　しましょう。

たしかめのテスト 68 おなじ かずずつ

こたえ 36 ページ

1 こどもが 4人 います。
おはじきを 1人に 3こずつ あげます。
みんなで なんこ いりますか。 1つ10てん(20てん)

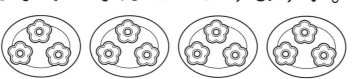

しき [   ] こたえ (   )こ

2 みかんを ふくろに 6こずつ いれたら、
ぜんぶで、3ふくろ できました。
みかんは なんこ ありましたか。 1つ10てん(20てん)

しき [   ] こたえ (   )こ

3 あめ 20こを おなじ かずずつ わけます。

① 4人では 1人に なんこずつですか。 (10てん)

(   )こ

できたらすごい!

② しきに かいて たしかめましょう。 □1つ10てん(50てん)

[   ] + [   ] + [   ] + [   ] = [   ]

れんしゅう

69 なんじゅうの　けいさん

こたえ　37ページ

★40まいと　20まいで
なんまいですか。

ときかた

10 10 10 10 ＋ 10 10

10まいが　4つと　10まいが
2つなので、しきに　かくと、
40＋20＝60

こたえ　60まい

おうちのかたへ
10を単位とした
数のたし算ができ
るようにします。

1 けいさんを　しましょう。

① 50＋20＝ 70

② 30＋10＝ □

③ 50−30＝ □

10が　5つの
まとまりから　3つの
まとまりを　とれば
いいんだね。

④ 40−20＝ □

2 けいさんを　しましょう。

① 70＋10＝ □ ② 30＋50＝ □

③ 90−40＝ □ 🔍よくみて ④ 100−30＝ □

💡ひんと ② ④ 100は　10の　まとまりが　10こ　あります。

れんしゅう 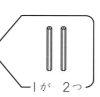 70 なんじゅうと　なにの　けいさん

こたえ　37 ページ

れいだい

★40＋2の　けいさんを　しましょう。

ときかた

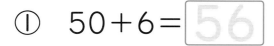

しき

40＋2＝ **42**

おうちのかたへ
（何十）＋（1けた）
のたし算ができる
ようにします。

---

1 けいさんを　しましょう。

① 50＋6＝ 56

② 20＋7＝

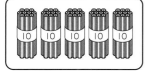 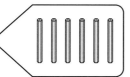 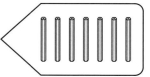

③ 43－3＝

④ 64－4＝

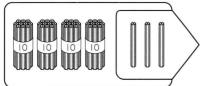 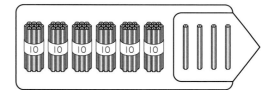

---

2 けいさんを　しましょう。

① 30＋5＝

② 70＋2＝

③ 56－6＝

④ 28－8＝

ひんと ② 10が　いくつと　1が　いくつか　かんがえましょう。

れんしゅう

71 大きい　かずの　たしざん

こたえ 38 ページ

れいだい

★21＋3の　けいさんを　しましょう。

ときかた

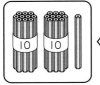

1と　3を
たして　4
20と　4で　24

しき　21 ＋ 3 ＝ **24**

おうちのかたへ
十の位と一の位に
分け、一の位どう
しを計算するたし
算ができるように
します。

1 けいさんを　しましょう。

① 23＋5＝ **28**　　② 34＋3＝ ▢

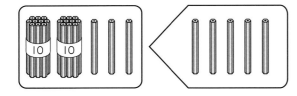

2 けいさんを　しましょう。

① 56＋3＝ ▢　　② 83＋2＝ ▢

③ 91＋7＝ ▢　　④ 45＋4＝ ▢

はってん 大きい　かずの　たしざん

1 けいさんを　しましょう。

① 32＋20＝ **52**

② 46＋30＝ ▢

☆32＋20の　たし
　ざんの　しかた
30と　20を　たして
50
2と　0を　たして　2
50と　2を　たして
52

おうちのかたへ
◀大きい数のたし算
…次のことに注意
します。
・十の位、一の位
どうしを計算し
ます。

ひんと **2** ① 6と　3を　たすと　9です。50と　9で　いくつですか。

れんしゅう 72 大きい　かずの　ひきざん

こたえ 38ページ

★35−2の　けいさんを　しましょう。

ときかた

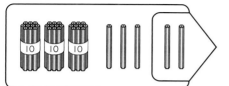

5から　2を
ひいて　3
30と　3で　33

しき　35 − 2 = **33**

🏠 **おうちのかたへ**

十の位と一の位に分け、一の位どうしを計算するひき算です。

1 けいさんを　しましょう。

① 26−4= 22

② 43−2=

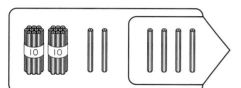

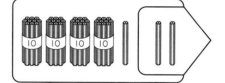

2 けいさんを　しましょう。

① 59−3=

② 48−5=

③ 75−4=

④ 88−1=

はってん 大きい　かずの　ひきざん

1 けいさんを　しましょう。

① 32−20= 12

② 78−50=

☆32−20の　ひきざんの　しかた
30から　20を　ひいて　10
2から　0を　ひいて　2
10と　2を　たして　12

🏠 **おうちのかたへ**

◀大きい数のひき算
…次のことに注意します。
・十の位、一の位どうしを計算します。

ひんと **2** ① 9から　3を　ひくと　6です。50と　6で　いくつですか。

75

たしかめのテスト 73 100までの かずの けいさん

1 たしざんを しましょう。

1つ2てん（12てん）

① 20＋40＝ ☐　　② 30＋50＝ ☐

③ 60＋30＝ ☐　　④ 10＋80＝ ☐

⑤ 70＋20＝ ☐　　⑥ 90＋10＝ ☐

2 ひきざんを しましょう。

1つ2てん（12てん）

① 40－10＝ ☐　　② 50－30＝ ☐

③ 70－60＝ ☐　　④ 90－40＝ ☐

⑤ 100－30＝ ☐　　⑥ 80－20＝ ☐

3 おなじ こたえの カードを ―― で
むすびましょう。

1つ4てん（16てん）

20＋30	・		・	80－20
10＋30	・		・	70－20
40＋20	・		・	50－10
50＋30	・		・	90－10

4 たしざんを　しましょう。

1つ3てん（30てん）

① 42＋6＝ □

② 51＋8＝ □

③ 74＋5＝ □

④ 86＋2＝ □

⑤ 63＋4＝ □

⑥ 35＋3＝ □

⑦ 22＋7＝ □

⑧ 67＋2＝ □

⑨ 71＋4＝ □

⑩ 93＋6＝ □

5 ひきざんを　しましょう。

1つ3てん（30てん）

① 38－6＝ □

② 57－2＝ □

③ 44－1＝ □

④ 15－3＝ □

⑤ 76－4＝ □

⑥ 99－8＝ □

⑦ 27－5＝ □

⑧ 83－2＝ □

⑨ 39－7＝ □

⑩ 64－3＝ □

74 けいさんの　ふくしゅうテスト③

1 けいさんを　しましょう。

1つ5てん（30てん）

① 30＋3＝

② 40＋5＝

③ 90＋2＝

④ 33－3＝

⑤ 67－7＝

⑥ 89－9＝

2 けいさんを　しましょう。

1つ5てん（30てん）

① 20＋40＝

② 40＋30＝

③ 80＋10＝

④ 70－20＝

⑤ 60－30＝

⑥ 50－10＝

3 けいさんを　しましょう。

1つ5てん（40てん）

① 42＋5＝

② 31＋8＝

③ 63＋6＝

④ 93＋5＝

⑤ 28－3＝

⑥ 48－6＝

⑦ 98－4＝

⑧ 77－5＝

まとめの
テスト

75 1ねんせいの けいさんの まとめ
1かいめ

1 たしざんを しましょう。

1つ5てん(30てん)

① 2+4=□　　② 5+0=□

③ 9+1=□　　④ 4+9=□

⑤ 10+5=□　　⑥ 15+4=□

2 ひきざんを しましょう。

1つ5てん(30てん)

① 8-3=□　　② 1-0=□

③ 10-5=□　　④ 12-8=□

⑤ 15-7=□　　⑥ 18-2=□

3 けいさんを しましょう。

1つ5てん(20てん)

① 5+5+5=□　　② 16-6-2=□

③ 10-7+4=□　　④ 15+2-9=□

4 けいさんを しましょう。

1つ5てん(20てん)

① 44+3=□　　② 20+50=□

③ 67-5=□　　④ 100-40=□

79

まとめのテスト

76 1ねんせいの けいさんの まとめ
2かいめ

がくしゅうび 月 日

じかん 20 ぷん ／100
ごうかく 80 てん

こたえ 41 ページ

1 たしざんを しましょう。
1つ5てん(30てん)

① $6+3=$ ☐

② $0+7=$ ☐

③ $2+8=$ ☐

④ $5+8=$ ☐

⑤ $2+10=$ ☐

⑥ $14+3=$ ☐

2 ひきざんを しましょう。
1つ5てん(30てん)

① $6-1=$ ☐

② $7-0=$ ☐

③ $10-4=$ ☐

④ $15-6=$ ☐

⑤ $11-5=$ ☐

⑥ $19-7=$ ☐

3 けいさんを しましょう。
1つ5てん(20てん)

① $4+6+8=$ ☐

② $17-7-5=$ ☐

③ $10-2+1=$ ☐

④ $12+3-8=$ ☐

4 けいさんを しましょう。
1つ5てん(20てん)

① $33+6=$ ☐

② $40+30=$ ☐

③ $78-7=$ ☐

④ $100-90=$ ☐

1年 チャレンジテスト①

月　日
なまえ

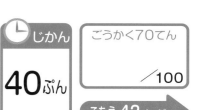
じかん
40ぷん
ごうかく70てん
／100
こたえ 42ページ

1 おなじ かずを せんで むすびましょう。
1つ3てん(9てん)

①  ・ ・ 7

② ・ ・ 8

③  ・ ・ 6

2 □に あてはまる かずを かきましょう。
1つ3てん(9てん)

① 9は 4と □

② 10は 3と □

③ 10は □ と 2

3 □の なかの かずで いちばん 小さい かずを かきましょう。
1つ4てん(8てん)

① 3、0、1 □

② 8、10、5 □

4 □に あてはまる かずを かきましょう。
1つ4てん(8てん)

① 2 □ 6 8 □

② □ 9 8 □ 6

5 けいさんを しましょう。
1つ3てん(18てん)

① 3+5= □

② 2+8= □

③ 7+0= □

④ 9-2= □

⑤ 10-7= □

⑥ 6-0= □

チャレンジテスト①(表)

●うらにも もんだいが あります。

6 とけいを　よみましょう。

1つ4てん(8てん)

①

②

[　　　　　　] [　　　　　　]

7 子どもが　8人　1れつに
ならんで　います。

1つ4てん(8てん)

① あおいさんの　まえには
なん人　いますか。

（　　　　）人

② □に　あてはまる　かずを
かきましょう。

あおいさんは、

まえから　[　　]ばんめ、

うしろから　[　　]ばんめ
です。

8 けいさんを　しましょう。

1つ4てん(16てん)

① 10+6=[　　　]

② 17+2=[　　　]

③ 15-5=[　　　]

④ 19-2=[　　　]

9 赤い　はなが　10本、白い
はなが　8本　あります。

しき・こたえ1つ4てん(16てん)

① はなは　あわせて　なん本
ありますか。

しき [　　　　　　　　　　　]

こたえ（　　　　　　）本

② 赤い　はなと　白い
はなの　かずの　ちがいは
なん本ですか。

しき [　　　　　　　　　　　]

こたえ（　　　　　　）本

1年 チャレンジテスト②

なまえ

月　日

じかん 40ぷん

ごうかく70てん ／100

こたえ 44ページ

1 けいさんを　しましょう。

1つ3てん(18てん)

① 5＋2＋3＝ □

② 19－9－8＝ □

③ 9－5＋3＝ □

④ 13－3＋6＝ □

⑤ 10＋9－4＝ □

⑥ 14＋4－6＝ □

2 たしざんを　しましょう。

1つ3てん(12てん)

① 8＋6＝ □

② 6＋5＝ □

③ 7＋7＝ □

④ 3＋9＝ □

3 こたえが　大きい　ほうの
カードに　○を　つけましょう。

1つ3てん(6てん)

① 9＋5　7＋6
（　）（　）

② 5＋7　4＋9
（　）（　）

4 ひきざんを　しましょう。

1つ3てん(12てん)

① 13－4＝ □

② 15－9＝ □

③ 12－7＝ □

④ 11－8＝ □

5 こたえが　8に　なる　カードの
かくれて　いる　かずを　□に
かきましょう。

1つ3てん(9てん)

① 17－ □

② 14－ □

③ 12－ □

うらにも　もんだいが　あります。

6 かずを すうじで かきましょう。

1つ3てん(6てん)

①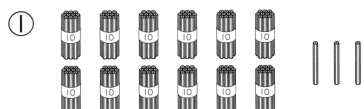

(　　　　)本

②

(　　　　)本

7 ☐に あてはまる かずを かきましょう。

1つ3てん(6てん)

① 10が 7つと 1が 3つで ☐

② 十のくらいが 4、一のくらいが 8の かずは ☐

8 とけいを よみましょう。 1つ3てん(6てん)

① 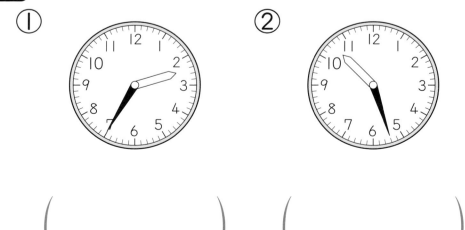 ②

(　　　　) (　　　　)

9 けいさんを しましょう。

1つ3てん(18てん)

① 40+50= ☐

② 80+2= ☐

③ 56+3= ☐

④ 100−40= ☐

⑤ 78−8= ☐

⑥ 97−4= ☐

10 バスに 10人 のって います。 6人 おりて、4人 のって きました。なん人 のって いますか。 1つの しきに かいて こたえましょう。 しき4てん・こたえ3てん(7てん)

しき ☐

こたえ (　　　　)人

教科書ぴったりトレーニング

まるつけラクラクかいとう

この「まるつけラクラクかいとう」は
とりはずしてお使いください。

全教科書版
けいさん1年

「まるつけラクラクかいとう」では問題と同じ紙面に、赤字で答えを書いています。

おうちのかたへ では、次のようなものを示しています。
・学習のねらいやポイント
・他の学年や他の単元の学習内容とのつながり
・まちがいやすいことやつまずきやすいところ
お子様への説明や、学習内容の把握などにご活用ください。

見やすい答え

[かずと すうじ]

れんしゅう ① 5までの かずの よみかたと かきかた

2ページ

こたえ 2ページ

れいだい ★5までの かずを おぼえましょう。

いち	に	さん	し	ご
1	2	3	4	5

おうちのかたへ
5までの数字の読みかきができるようにします。

よみましょう。

1　2　3　4　5
いち　に　さん　し　ご

うすい じは なぞろう。

5までの かずを かきましょう。

1 1 1 1 1 1 1
2 2 2 2 2 2 2
3 3 3 3 3 3 3
4 4 4 4 4 4 4
5 5 5 5 5 5 5

うすい じを なぞって、つづけて じぶんで かいてみよう。

4は「よん」という こともあるよ。

●ひんと うすい じを なぞって、ただしく かきましょう。4や 5は、じゅんばんにも きを つけましょう。

2

[かずと すうじ]

れんしゅう ② 5までの かず

3ページ

こたえ 2ページ

れいだい ★おおい ほうに ○を つけましょう。

2	5
••	•••••
( )	(○)

おうちのかたへ
5までの数の具体物と数字が対応できるようにします。また、5までの数の大小比較ができるようにします。

かずを すうじで かきましょう。

🥬	1
•••	3

🍰🍰🍰🍰	4
•••••	5

よくみて

おおい ほうに ○を つけましょう。

🍎🍎🍎	🍓🍓
(○)	( )

えんぴつで 1つずつ けしていって のこった ほうが おおいよ。

•••	••••
( )	(○)

5	4
(○)	( )

●ひんと 5と 4は おはじきを つかって くらべましょう。

3

2ページ
❀ 1から5までの数字を正しく読めるように、声に出して何度も練習しましょう。
❀ 1から5までの数字を正しくかけるように、何度も練習しましょう。4や5は、かき順が正しいかも確認してください。

3ページ
❀ 1から5までの物の数を、正しく数えることができて、それを正しく数字でかくことができるように練習しましょう。
❀ りんごは3こ、いちごは2こであることを確認してから、どちらが多いか比べます。
左の●は3、右の●は4であることを確認してから、どちらが多いか比べます。

くわしいてびき

おうちのかたへ

おうちのかたへ
数えまちがいをしないように、1つ1つ指で押さえて数えさせるとよいでしょう。

※紙面はイメージです。

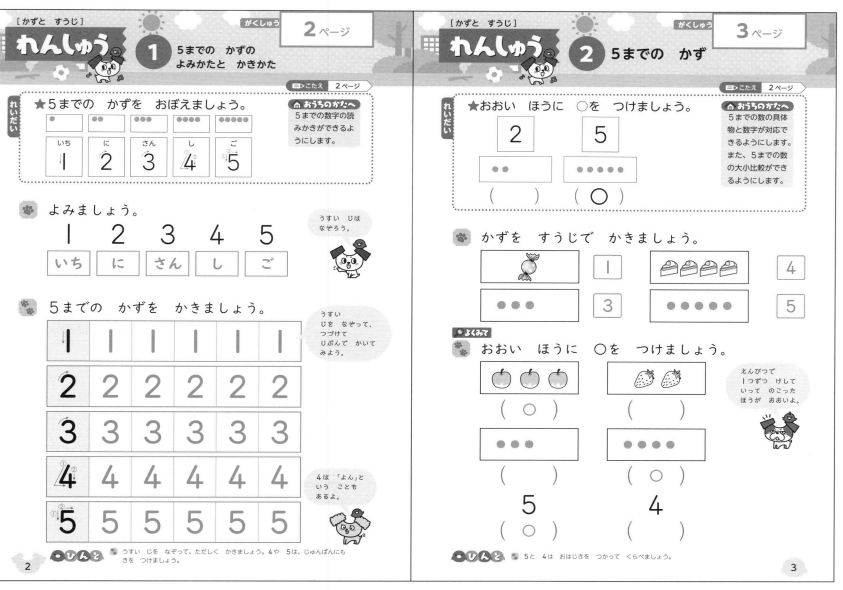

こたえ 2ページ

れいだい

★5までの かずを おぼえましょう。

いち	に	さん	し	ご
1	2	3	4	5

おうちのかたへ
5までの数字の読みかきができるようにします。

よみましょう。

1　2　3　4　5

| いち | に | さん | し | ご |

うすい じは なぞろう。

5までの かずを かきましょう。

うすい じを なぞって、つづけて じぶんで かいて みよう。

1 1 1 1 1 1

2 2 2 2 2 2

3 3 3 3 3 3

4 4 4 4 4 4

4は 「よん」と いう ことも あるよ。

5 5 5 5 5 5

ひんと
うすい じを なぞって、ただしく かきましょう。4や 5は、じゅんばんにも きを つけましょう。

2

こたえ 2ページ

れいだい

★おおい ほうに ○を つけましょう。

2　　5

・・　　・・・・・

（　　）　（○）

おうちのかたへ
5までの数の具体物と数字が対応できるようにします。また、5までの数の大小比較ができるようにします。

かずを すうじで かきましょう。

| 🍬 | 1 | 🍰🍰🍰🍰 | 4 |
| ・・・ | 3 | ・・・・・ | 5 |

よくみて

おおい ほうに ○を つけましょう。

🍎🍎🍎　　🍓🍓

（○）　　（　）

えんぴつで 1つずつ けして いって のこった ほうが おおいよ。

・・・　　・・・・

（　）　　（○）

5　　4

（○）　　（　）

ひんと
5と 4は おはじきを つかって くらべましょう。

3

2ページ

1から5までの数字を正しく読めるように、声に出して何度も練習しましょう。

1から5までの数字を正しくかけるように、何度も練習しましょう。4や5は、かき順が正しいかも確認してください。

3ページ

1から5までの物の数を、正しく数えることができて、それを正しく数字でかくことができるように練習しましょう。

りんごは3こ、いちごは2こであることを確認してから、どちらが多いか比べます。
左の●は3、右の●は4であることを確認してから、どちらが多いか比べます。

おうちのかたへ
数えまちがいをしないように、1つ1つ指で押さえて数えさせるとよいでしょう。

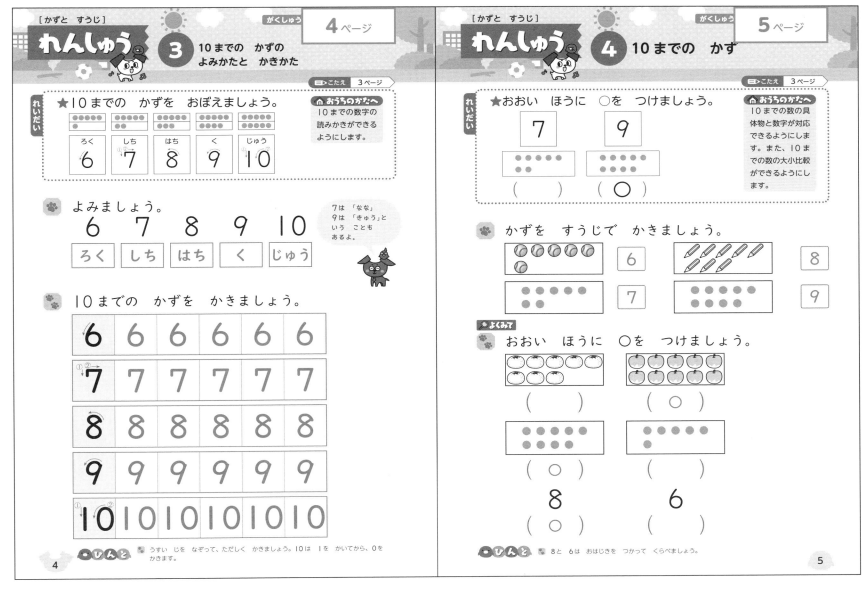

こたえ 3ページ

れいだい

★10までの かずを おぼえましょう。

● おうちのかたへ
10までの数字の 読みかきが できる ようにします。

ろく 6　しち 7　はち 8　く 9　じゅう 10

よみましょう。

6　7　8　9　10

ろく　しち　はち　く　じゅう

7は「なな」9は「きゅう」という ことも あるよ。

10までの かずを かきましょう。

6	6	6	6	6	6
7	7	7	7	7	7
8	8	8	8	8	8
9	9	9	9	9	9
10	10	10	10	10	10

ひんと　うすい じを なぞって、ただしく かきましょう。10は 1を かいてから、0を かきます。

4

こたえ 3ページ

れいだい

★おおい ほうに ○を つけましょう。

● おうちのかたへ
10までの数の具体物と数字が対応できるようにします。また、10までの数の大小比較ができるようにします。

7　　9

●●● ●●●　●●●● ●●●●
（　）　（○）

かずを すうじで かきましょう。

6　7　8　9

● よくみて

おおい ほうに ○を つけましょう。

（　）　（○）

（○）　（　）

8　　6
（○）　（　）

ひんと　8と 6は おはじきを つかって くらべましょう。

5

4ページ

🐾 6から 10までの数字を正しく読めるように、声に出して何度も練習しましょう。

🐾 6から 10までの数字を正しくかけるように、何度も練習しましょう。7や8は、かき順が正しいかも確認してください。

5ページ

🐾 6から 10までの物の数を、正しく数えることができて、それを正しく数字でかくことができるように練習しましょう。

🐾 みかんは8こ、りんごは10こであることを確認してから、どちらが多いか比べます。
左の●は9、右の●は6であることを確認してから、どちらが多いか比べます。

🏠 おうちのかたへ
数が大きくなると、数えまちがいをしやすくなります。鉛筆で1つずつ印をつけながら数えていくとよいことを教えてあげてください。

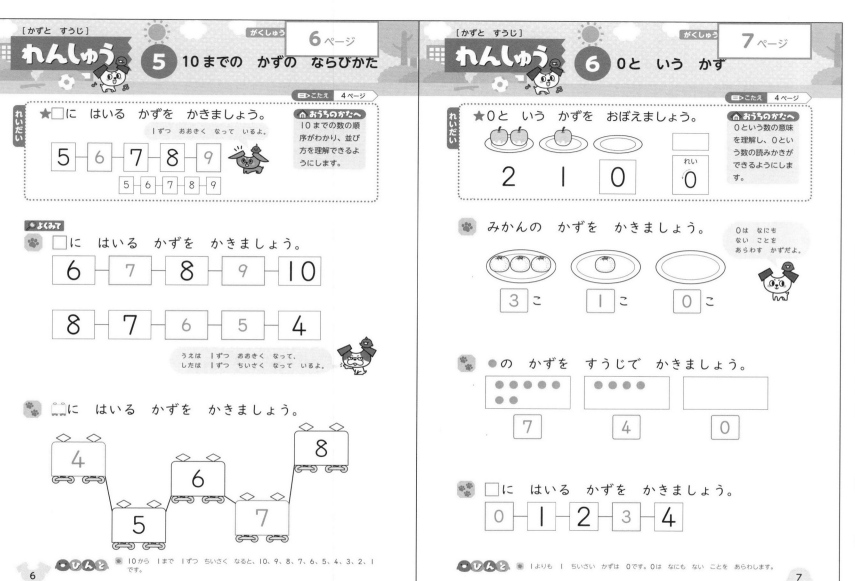

こたえ 4ページ

れいだい

★□に はいる かずを かきましょう。

1ずつ おおきく なって いるよ。

5　6　7　8　9

5　6　7　8　9

🏠 おうちのかたへ
10までの数の順序がわかり、並び方を理解できるようにします。

よくみて

□に はいる かずを かきましょう。

6　7　8　9　10

8　7　6　5　4

うえは 1ずつ おおきく なって、したは 1ずつ ちいさく なって いるよ。

□に はいる かずを かきましょう。

4
5
6
7
8

ひんと 🐶 10から 1まで 1ずつ ちいさく なると、10、9、8、7、6、5、4、3、2、1 です。

6

こたえ 4ページ

れいだい

★0と いう かずを おぼえましょう。

2　1　0　れい 0

🏠 おうちのかたへ
0という数の意味を理解し、0という数の読みかきができるようにします。

みかんの かずを かきましょう。

0は なにも ない ことを あらわす かずだよ。

3こ　1こ　0こ

●の かずを すうじで かきましょう。

7　4　0

□に はいる かずを かきましょう。

0　1　2　3　4

ひんと 🐶 1よりも 1 ちいさい かずは 0です。0は なにも ない ことを あらわします。

7

6ページ

🐾 上は、数が1ずつ大きくなるように、下は、数が1ずつ小さくなるようにすればよいことに気づかせましょう。

🐾 5—6と数が続いているところに目をつけて、数が1ずつ大きくなるようにすればよいことに気づかせましょう。

🏠 おうちのかたへ
数の並び方を考えるときは、数が続いているところに目をつけて、数が大きくなっているのか、小さくなっているのかを確認すればよいことに気づかせてください。

7ページ

🐾 何もないことを「0」という数字で表すことを理解し、0の読みかきが正しくできるように練習しましょう。

🐾 ●がひとつもないときは、「0」で表すことがわかるようにしましょう。

🐾 1より1小さい数は、0になることを理解できるようにしましょう。

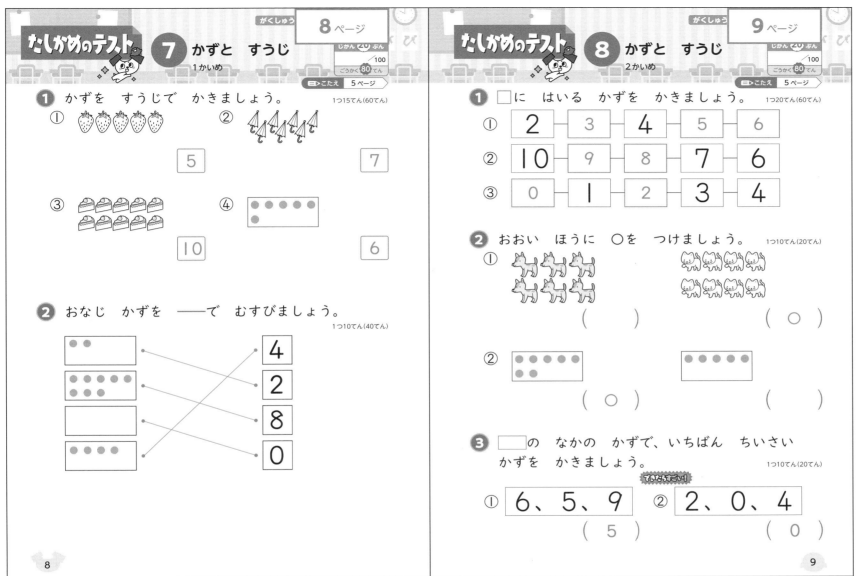

たしかめのテスト 7 かずと すうじ 1かいめ

じかん 20ぷん 100
ごうかく 80てん
こたえ 5ページ

1 かずを すうじで かきましょう。　1つ15てん(60てん)

① 🍓🍓🍓🍓🍓　② ☂☂☂☂☂☂☂

5　　　7

③ 🍰🍰🍰🍰🍰🍰🍰🍰🍰🍰　④ ●●●●●●●●●●

10　　　6

2 おなじ かずを ——で むすびましょう。　1つ10てん(40てん)

4
2
8
0

たしかめのテスト 8 かずと すうじ 2かいめ

じかん 20ぷん 100
ごうかく 80てん
こたえ 5ページ

1 □に はいる かずを かきましょう。　1つ20てん(60てん)

① 2 — 3 — 4 — 5 — 6
② 10 — 9 — 8 — 7 — 6
③ 0 — 1 — 2 — 3 — 4

2 おおい ほうに ○を つけましょう。　1つ10てん(20てん)

①　　　　　　　　　　( )　　　　(○)

②　　　　　　　　　　(○)　　　( )

3 □の なかの かずで、いちばん ちいさい かずを かきましょう。　1つ10てん(20てん)

できるかな？

① 6、5、9　　② 2、0、4
(5)　　　　(0)

8

9

8ページ

1 数字のかき順が正しいかも確認してください。

2 左の●は、上から2、8、0、4です。それぞれの数を確認してから、同じ数字と線でむすぶようにさせましょう。

9ページ

1 ①右へいくほど数が大きくなっていることに気づかせましょう。
②7—6と、右へいくほど数が1ずつ小さくなっていることに気づかせましょう。
③3—4と、右へいくほど数が1ずつ大きくなっていることに気づかせましょう。0が入ることも理解できるようにします。

2 ①犬は6ぴき、ねこは8ひきであることを確認してから、どちらが多いか比べます。
②左の●は7、右の●は5です。

3 ②0がいちばん小さい数ということに気づけるようにしましょう。

れんしゅう ⑨ なんばんめ

こたえ 6ページ

れいだい

★いろを ぬりましょう。

ひだりから 3ばんめ

ひだり ○○○○○○

ひだりから 3こ

ひだり ○○○○○○

おうちのかたへ
個数を表す数と順序を表す数が区別できるようにします。

ひだりから「3ばんめ」と「3こ」はちがうよ。

❶ えを みて こたえましょう。

まえ うま うさぎ ぞう いぬ らいおん きりん うしろ

① いぬは まえから
なんばんめですか。 [4]ばんめ

② うさぎは うしろから
なんばんめですか。 [5]ばんめ

！まちがいちゅうい

③ まえから 3びきを こたえましょう。
(うま、うさぎ、ぞう)

④ ぞうの まえには なんびき いますか。
[2]ひき

ひんと ③ 3つの どうぶつを かきましょう。

10

たしかめのテスト ⑩ なんばんめ

こたえ 6ページ

❶ せんで かこみましょう。 1つ20てん(40てん)

① ひだりから 4こ

ひだり  みぎ

② みぎから 6ばんめ

ひだり  みぎ

❷ ばすが くるのを まって います。 □1つ15てん(60てん)

① れいこさんは、まえから
なんばんめですか。 [2]ばんめ

② れいこさんの うしろには
なんにん いますか。 [4]にん

できたらすごい!

③ □に あてはまる かずを
かきましょう。

かずやさんは、まえから
[4]ばんめ、うしろから
[3]ばんめです。

まえ れいこさん かずやさん うしろ

11

10ページ

❶ ①②「前から」数えるのか、「後ろから」数えるのか、基点を確認してあげましょう。
③「前から3びき」を求めるのであり、「前から3ばんめ」ではないことに注意します。

おうちのかたへ
順番を表す数「○○から○ばんめ」と、個数を表す数「○○から○ひき」が区別できることが大切です。

11ページ

❶ ①「左から4こ」は、個数を表す数です。
②「右から6ばんめ」は、順番を表す数です。

おうちのかたへ
「左から」と「右から」の基点をまちがえないようにさせましょう。

❷ ①順番を聞いていることを確認してあげましょう。
②「後ろに何人」と聞いているから、れいこさんは含めないことがわかるようにしましょう。

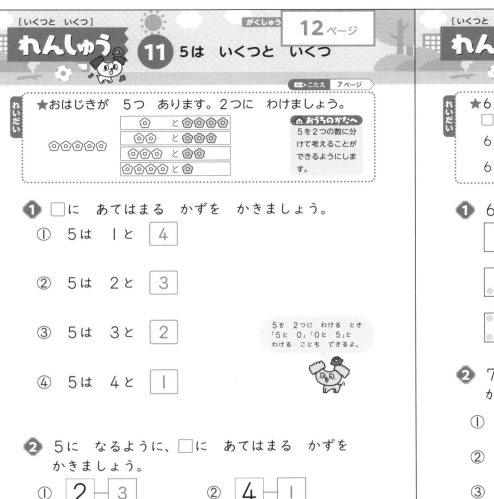

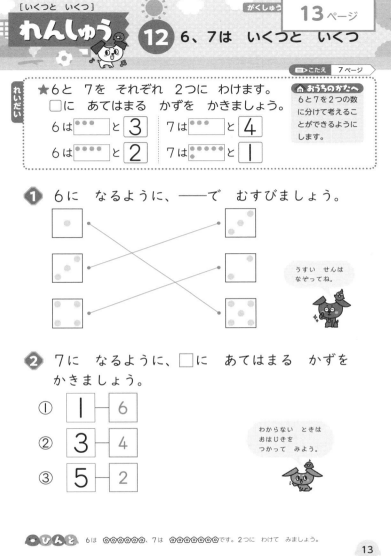

[いくつと　いくつ]

れんしゅう　**11**　5は　いくつと　いくつ

こたえ　7ページ

★おはじきが　5つ　あります。2つに　わけましょう。

⚘	と	⚘⚘⚘⚘
⚘⚘⚘⚘⚘	⚘⚘	と	⚘⚘⚘
	⚘⚘⚘	と	⚘⚘
	⚘⚘⚘⚘	と	⚘

🏠 おうちのかたへ
5を2つの数に分けて考えることができるようにします。

❶ □に　あてはまる　かずを　かきましょう。

① 5は　1と　**4**

② 5は　2と　**3**

③ 5は　3と　**2**

5を　2つに　わける　とき「5と　0」「0と　5」とわける　ことも　できるよ。

④ 5は　4と　**1**

❷ 5に　なるように、□に　あてはまる　かずを　かきましょう。

① **2**─3　　② **4**─1

ひんと　おはじきを　つかって　かぞえて　みましょう。

12

[いくつと　いくつ]

れんしゅう　**12**　6、7は　いくつと　いくつ

こたえ　7ページ

★6と　7を　それぞれ　2つに　わけます。
□に　あてはまる　かずを　かきましょう。

6は ｜•••｜と ｜3｜　　7は ｜•••｜と ｜4｜

6は ｜••••｜と ｜2｜　　7は ｜••••••｜と ｜1｜

🏠 おうちのかたへ
6と7を2つの数に分けて考えることができるようにします。

❶ 6に　なるように、──で　むすびましょう。

うすい　せんは　なぞってね。

❷ 7に　なるように、□に　あてはまる　かずを　かきましょう。

① ｜1｜─6

② ｜3｜─4

③ ｜5｜─2

わからない　ときは　おはじきを　つかって　みよう。

ひんと　6は ⚘⚘⚘⚘⚘⚘、7は ⚘⚘⚘⚘⚘⚘⚘です。2つに　わけて　みましょう。

13

12ページ

❶ おはじきを5こ用意して、2つの数に分けながら考えるとよいでしょう。

❷ ①5このおはじきから、2こよけると、もう一方におはじきは何こあるかを確かめながら考えましょう。

②もおはじきなどを使いながら、同様にやってみましょう。

13ページ

❶ 「1といくつで6になるかな」のように問いかけてみましょう。わからないときは、おはじきなどを使いましょう。

❷ ①「1といくつで7になるかな」のように問いかけてみましょう。②、③も同様です。わからないときは、おはじきなどを使いましょう。

🏠 おうちのかたへ
数をいくつといくつでとらえることは、この後学習するたし算やひき算の基礎になります。わからないときは、おはじきなどを使って、確実にできるようにしておきましょう。

れんしゅう ⑬ 8、9は いくつと いくつ

こたえ 8ページ

れいだい
★8と 9を それぞれ 2つに わけます。
□に あてはまる かずを かきましょう。

8は ••••• と 3　　9は •••••• と 3

8は •• と 6　　9は •••• と 5

おうちのかたへ
8と9を2つの数に分けて考えることができるようにします。

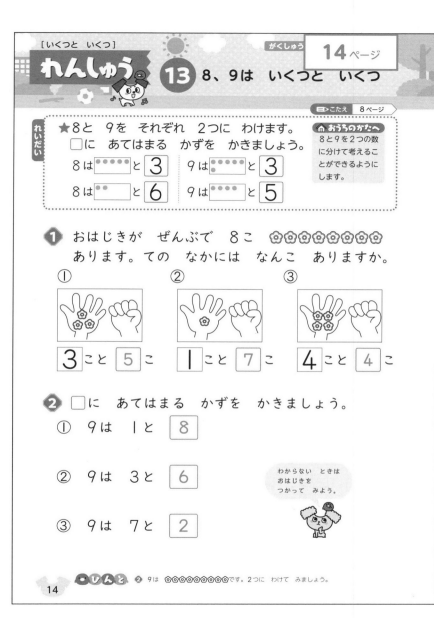

❶ おはじきが ぜんぶで 8こ ✿✿✿✿✿✿✿✿
あります。ての なかには なんこ ありますか。

① 3こと 5こ　② 1こと 7こ　③ 4こと 4こ

❷ □に あてはまる かずを かきましょう。

① 9は 1と 8

② 9は 3と 6

③ 9は 7と 2

わからない ときは
おはじきを
つかって みよう。

ひんと ❷ 9は ✿✿✿✿✿✿✿✿✿です。2つに わけて みましょう。

14

れんしゅう ⑭ 10は いくつと いくつ

こたえ 8ページ

れいだい
★10を 2つに わけます。□に あてはまる
かずを かきましょう。

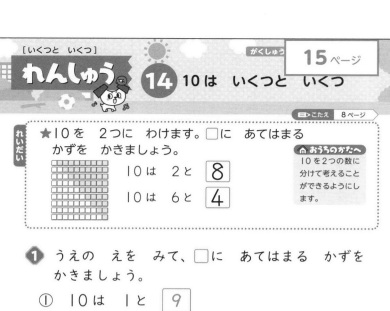

10は 2と 8

10は 6と 4

おうちのかたへ
10を2つの数に分けて考えることができるようにします。

❶ うえの えを みて、□に あてはまる かずを
かきましょう。

① 10は 1と 9

② 10は 3と 7

③ 10は 5と 5

④ 10は 8と 2

あと いくつで
10に なるかな。

よくみて
❷ 10わの ひよこを 2つの かごに わけました。
□に あてはまる かずを かきましょう。

  6わ

ひんと ❷ ひだりの かごには、4わの ひよこが います。10は 4と いくつに
わけられるでしょう。

15

❶ ①「3といくつで8になるかな」のように問いかけてみましょう。
②、③も同様です。わからないときは、おはじきなどを使いましょう。

❷ ①「1といくつで9になるかな」のように問いかけてみましょう。
②、③も同様です。わからないときは、おはじきなどを使いましょう。

❶ おはじきを10こ用意して、2つの数に分けながら考えるとよいでしょう。

❷ はじめに、左のかごのひよこの数を数えます。それから、4はあといくつで10になるかを考えましょう。

おうちのかたへ
10を2つの数に分けて考えることは、たし算やひき算において、特に大切な考え方になります。10は、「1と9」「2と8」「3と7」「4と6」「5と5」「6と4」「7と3」「8と2」「9と1」に分けられます。全部言えるようにくり返し練習しておきましょう。

たしかめのテスト **15** いくつと いくつ
1かいめ

がくしゅう **16** ページ

じかん 100ぶん

ごうかく 80 てん

こたえ 9ページ

1 □に あてはまる かずを かきましょう。

1つ10てん(40てん)

① 5は 2と 3

② 7は 3 と 4

③ 9は 5と 4

④ 10は 4 と 6

2 8に なるように、――で むすびましょう。

1つ10てん(40てん)

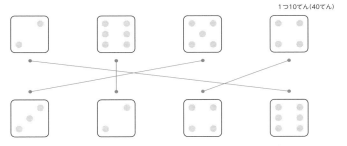

3 とんぼを 6ぴき とりました。あと なんびきで、
10ぴきに なりますか。 (20てん)

4 ひき

16

たしかめのテスト **16** いくつと いくつ
2かいめ

がくしゅう **17** ページ

じかん 100ぶん

ごうかく 80 てん

こたえ 9ページ

1 の かずに なるように、□に あてはまる
かずを かきましょう。

1つ10てん(40てん)

① 6 　あ 2 — 4 　い 5 — 1

② 9 　あ 4 — 5 　い 7 — 2

2 てんとうむしが ぜんぶで 7ひき います。
はの うらに かくれて いるのは なんびきですか。

1つ20てん(40てん)

①  　　　4 ひき

②  　　　2 ひき

てんなおし!!

3 つるを 5わ おります。いま 3わ おりました。
あと なんわ おれば よいですか。 (20てん)

2 わ

17

16ページ

1 まちがえたときは、おはじきなどでしっかり確認させましょう。

2 8になる組み合わせは
1—7、2—6、3—5、4—4、5—3、6—2、7—1があります。さいころの数は、1〜6までだから、1—7、7—1をのぞいた組み合わせになります。

3 「6といくつで10になるかな」のように問いかけて考えさせましょう。

17ページ

1 ①は6になる組み合わせです。ほかに、
1—5、3—3、4—2
があります。
②は9になる組み合わせです。ほかに、
1—8、2—7、3—6、5—4、6—3、8—1
があります。

2 葉の表のてんとうむしは、①は3びき、②は5ひきです。てんとうむしは全部で7ひきだから、7になる組み合わせを考えればよいことに気づかせましょう。

3 「3といくつで5になるかな」のように問いかけて考えさせましょう。

●こたえ 10ページ

> れいだい
> ★🐱🐱🐱 🐱 あわせて なんびきですか。
> **ときかた** あわせて 4ひきです。
> しきに かくと、
> しき 3+1=4　こたえ 4ひき
> 「3 たす 1 は 4」
>
> 🏠 **おうちのかたへ**
> 2つの数を合わせるたし算を理解し、式の表し方を学びます。

1 あわせて なんこですか。□に あてはまる
かずを かきましょう。

しき 4 +2= 6 　　こたえ（ 6 ）こ

📖 **よくよんで**

2 3さつ ふえると、なんさつに
なりますか。□に あてはまる
かずを かきましょう。

しき 4 +3= 7
こたえ（ 7 ）さつ

かずが ふえた ときも
たしざんを つかうよ。

3 たしざんを しましょう。
① 6+1= 7 　　② 5+4= 9

● **ひんと** ①② かずを あわせる ときや、かずが ふえる ときには、たしざんを しましょう。

18

●こたえ 10ページ

> れいだい
> ★たしざんを します。□に あてはまる かずを
> かきましょう。
> **ときかた** 4+1= 5
> 4と 1で 5
>
> 🏠 **おうちのかたへ**
> 和が10までのたし算ができるようにします。

1 たしざんを しましょう。
① 1+2= 3 　　② 2+7= 9
③ 5+5= 10 　　④ 3+4= 7
⑤ 3+3= 6 　　⑥ 6+3= 9

2 こたえが 8の かあどに ○を つけましょう。

9+1 　　 4+4 　　 3+5
（　） 　　（ ○ ） 　　（ ○ ）

まず、たしざんの
こたえを だしてね。

📖 **よくよんで**

3 あかい はなが 5こ、しろい はなが 2こ
さいて います。ぜんぶで なんこですか。
しき 5+2=7
こたえ（ 7 ）こ

● **ひんと** ② こたえが 8に なる かあどは、ひとつでしょうか？

19

18ページ

1 はじめに、あめの数が4こ
と2こであることを確認します。4こと2こをあわせるから、たし算の式になることを理解させましょう。

2 はじめに、本が4さつある
ことを確認します。その後、3さつふえたから、たし算の式になることを理解させましょう。

19ページ

2 カードの答えは、
9+1=10、4+4=8、
3+5=8です。4+4だけ選んだ場合、答えは1つとは限らないから、すべてのカードの計算をするように声をかけてあげましょう。

3 「ぜんぶで何こ」を求めるから、たし算の式になることに気づかせましょう。

🏠 **おうちのかたへ**
はじめて＋や＝の記号を使って、たし算の式を学習します。たし算は、「あわせていくつ」や「ふえるといくつ」の場面で用いられます。問題文を読んで、たし算を使う場面であることが理解できるようにしましょう。

れんしゅう ⑲ 0の たしざん

こたえ 11ページ

れいだい

★ いれた たまの かずは いくつですか。

ときかた ぜんぶで 2つです。
しきに かくと、
2+0=2　　　　こたえ 2つ

おうちのかたへ
0をたすたし算が
できるようにしま
す。

① たしざんを しましょう。

① 1+0= 1　　② 3+0= 3

③ 5+0= 5　　④ 8+0= 8

⑤ 0+9= 9　　⑥ 0+0= 0

② こたえが おなじに なる かあどを ——で
むすびましょう。

4+0　　9+1

8+2　　0+6

2+4　　3+1

ひんと 0の たしざんでは、たしても かずが ふえません。

20

れんしゅう ⑳ たしざんの れんしゅう

こたえ 11ページ

れいだい

★こたえが 7の かあどに ○を つけましょう。

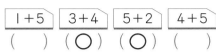

1+5	3+4	5+2	4+5
( )	(○)	(○)	( )

ときかた それぞれの かあどの けいさんを して、
7に なる ものを みつけます。

おうちのかたへ
たし算をくり返し
練習することで、
確かな計算力をつ
けます。

① たしざんを しましょう。

① 4+2= 6　　② 3+1= 4

③ 2+5= 7　　④ 0+2= 2

⑤ 1+7= 8　　⑥ 6+4= 10

⚠まちがいちゅうい

② こたえが おおきい ほうの かあどに ○を
つけましょう。

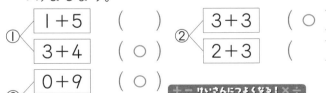

① 1+5 ( )　② 3+3 (○)
　3+4 (○)　　2+3 ( )

③ 0+9 (○)
　5+3 ( )

＋− けいさんにつよくなる！ ×÷
0の ある たしざんの こたえの
ほうが かならず ちいさいとは
かぎらないよ。まずは、けいさん
して みよう。

ひんと ② たしざんの こたえを だしてから、おおきさを くらべましょう。

21

---

20 ページ

① たし算をすると、答えは必
ず大きくなると思っている
お子さんがほとんどです。
0をたすたし算は、たして
も数がふえないことに気づ
かせましょう。

② カードの答えは、
4+0=4、8+2=10、
2+4=6、9+1=10、
0+6=6、3+1=4
であることを確認してから、
答えが同じカードを線でむ
すぶようにさせましょう。

21 ページ

② ①は6と7、②は6と5、
③は9と8を比べることに
なります。③は、0+9の
ほうが小さいとかんちがい
しやすいので、必ず計算の
結果をもとにして、大小を
比べるようにさせてくださ
い。

⌂ おうちのかたへ
和が10までの2つの数のたし
算は、0のたし算を含めて、た
す順番を区別すると、全部で
66題あります。この時期は、
和が10までのたし算をまちが
えることのないように、何度も
くり返し練習させてください。

---

1 たしざんを　しましょう。

1つ10てん(60てん)

① 1+3=[4]　　② 3+5=[8]

③ 5+1=[6]　　④ 2+7=[9]

⑤ 2+0=[2]　　⑥ 8+2=[10]

2 こたえが　おなじに　なる　さかなを　——で　むすびましょう。

1つ10てん(30てん)

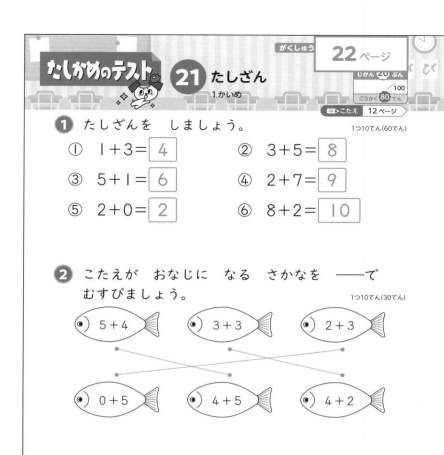

3 こたえが　10に　なる　かあどを　もって　いる　ひとに　○を　つけましょう。

(10てん)

1+6　　3+7　　4+3

(　　)　　(　○　)　　(　　)

22

---

1 たしざんを　しましょう。

1つ10てん(60てん)

① 1+8=[9]　　② 5+2=[7]

③ 3+6=[9]　　④ 9+1=[10]

⑤ 2+4=[6]　　⑥ 0+0=[0]

2 あと　4こ　もらうと、ふうせんは　なんこに　なりますか。

1つ10てん(20てん)

しき　6+4=10

こたえ (　10　) こ

てんなおし！

3 さかなつりで、けんたさんは　2ひき、おとうさんは　6ぴき　つりました。ぜんぶで　なんびき　つれましたか。

1つ10てん(20てん)

しき　2+6=8

こたえ (　8　) ひき

23

22ページ

1 計算をまちがえたときは、おはじきなどを使って、正しい答えを確認しておきましょう。

2 (上の魚の答え)

5+4=9、3+3=6、2+3=5

(下の魚の答え)

0+5=5、4+5=9、4+2=6

になることを確認してから、線でむすぶようにさせましょう。

3 それぞれの式の答えは、1+6=7、3+7=10、4+3=7になります。

23ページ

1 ⑥何もないものに、何もないものをたしても、何もないと考えて、0+0=0になることを理解させましょう。

2 「あと4こもらうと」は、4こふえるということだから、たし算の式になることに気づかせましょう。式は、4+6=10でも正解です。

3 「ぜんぶで何びき」だから、たし算の式になることに気づかせましょう。式は、6+2=8でも正解です。

➡こたえ 13ページ

れいだい

★2こ たべると、なんこ のこりますか。

ときかた

しきに かくと、

$5 - 2 = 3$
「5 ひく 2 は 3」

こたえ **3こ**

おうちのかたへ
残りを求めるときのひき算を理解し、式の表し方を学びます。

「のこりは いくつ」を けいさんする ときは ひきざんを つかうよ。

❶ 3まい つかうと、なんまい のこりますか。
□に あてはまる かずを かきましょう。

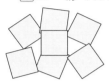

しき **7** − 3 = **4**

こたえ（ **4** ）まい

❷ 4ほん けずりました。けずって いないのは なんぼんですか。

しき **6 − 4 = 2**

こたえ **2** ほん

❸ ひきざんを しましょう。

① 8 − 5 = **3**　　② 10 − 6 = **4**

●ひんと ❷ えんぴつは 6ぽん あります。4ほん けずると、のこりは なんぼんに なるでしょう。

24

➡こたえ 13ページ

れいだい

★ひきざんを します。□に あてはまる かずを かきましょう。

$8 - 5 = $ **3**

ときかた

8から 5を とると **3**

とった かずだけ 🖼と するのも いいね。

おうちのかたへ
ひかれる数が10までのひき算ができるようにします。

❶ ひきざんを しましょう。

① 2 − 1 = **1**　　② 4 − 3 = **1**

③ 8 − 3 = **5**　　④ 10 − 5 = **5**

⑤ 7 − 7 = **0**　　⑥ 4 − 4 = **0**

❷ こたえが 4の かあどに ○を つけましょう。

7 − 4	4 − 1	9 − 5
（　）	（　）	（ ○ ）

❸ 3こ たべると、なんこ のこりますか。

しき **6 − 3 = 3**

こたえ **3** こ

●ひんと ❶ ⑤ 7から 7を ひくと なにも のこりません。

25

24ページ

❶ はじめに、おり紙が7まいあることを確認します。7まいから3まい使った残りを求めるから、ひき算の式になることを理解させましょう。

❷ はじめに、鉛筆が6本あることを確認します。そこから4本をひいた残りを求めるから、ひき算の式になることを理解させましょう。

25ページ

❶ ⑤、⑥同じ数どうしをひくと、答えは0になることに気づかせてください。

❷ それぞれの式の答えは、7−4=3、4−1=3、9−5=4 です。

❸ ひき算では、大きい数から小さい数をひくことに気づかせましょう。

おうちのかたへ
はじめて−の記号を使って、ひき算の式を学習します。ひき算は、「のこりはいくつ」や「ちがいはいくつ」の場面で用いられます。問題文を読んで、ひき算を使う場面であることが理解できるようにしましょう。

こたえ 14ページ

れいだい
★いれた たまの かずの ちがいは なんこですか。

みさき あすか

ときかた ●●●● ▶

しきに かくと、
$4-0=4$　こたえ　4こ

🏠 おうちのかたへ
0をひくひき算が
できるようにしま
す。

1 ひきざんを しましょう。

① $8-0=\boxed{8}$　　② $5-0=\boxed{5}$

③ $3-0=\boxed{3}$　　④ $1-0=\boxed{1}$

2 りんごの ほうが なんこ
おおいですか。□に あてはまる
かずを かきましょう。

「ちがいは いくつ」と
きかれた ときも
ひきざんを つかうよ。

しき $\boxed{6}-\boxed{5}=\boxed{1}$

りんご　みかん

こたえ（ 1 ）こ

●よくみて
3 ちがいは なんびきですか。

しき $5-2=3$　　　こたえ（ 3 ）びき

●ひんと **3** かめの かずから かえるの かずを ひきましょう。

26

こたえ 14ページ

れいだい
★こたえが 1の かあどに ○を つけましょう。

8-2	7-6
(　)	(○)

9-8	5-3
(○)	(　)

まず、
ひきざんの
こたえを だしてね。

🏠 おうちのかたへ
ひき算をくり返し
練習することで、
確かな計算力をつ
けます。

1 ひきざんを しましょう。

① $6-3=\boxed{3}$　　② $4-2=\boxed{2}$

③ $5-1=\boxed{4}$　　④ $9-7=\boxed{2}$

⑤ $10-4=\boxed{6}$　　⑥ $1-1=\boxed{0}$

2 こたえが おなじに なる かあどを ——で
むすびましょう。

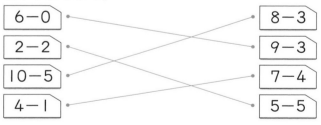

6-0		8-3
2-2		9-3
10-5		7-4
4-1		5-5

●ひんと **2** まず ひきざんを して こたえを だしましょう。

27

26ページ

1 0をひく計算は、何もひか
ないことだから、もとの数
になることがわかるように
しましょう。

2 りんごは6こ、みかんは5
こです。ひき算では、大き
い数から小さい数をひきま
す。差を求めるひき算では、
5−6のような式を立てる
まちがいがあるので、気を
つけてください。

3 カエルは2ひき、かめは5
ひきです。どちらの数が多
いかを確かめてから、ひき
算の式を立てるようにさせ
ましょう。

27ページ

2 （左のカードの答え）
6−0=6、2−2=0、
10−5=5、4−1=3
（右のカードの答え）
8−3=5、9−3=6、
7−4=3、5−5=0
になることを確認してから、
線でむすぶようにさせま
しょう。

🏠 おうちのかたへ
計算をまちがえたときは、おは
じきなどを使って、正しい答え
を導き出せるようにさせてくだ
さい。

  **27** ひきざん
1かいめ

がくしゅう **28** ページ

じかん とりぶん /100
ごうかく **80** てん

こたえ **15** ページ

① ひきざんを しましょう。　1つ10てん(60てん)

① 4−2= 2 　　② 5−1= 4
③ 8−0= 8 　　④ 10−2= 8
⑤ 9−9= 0 　　⑥ 7−6= 1

② こたえが おなじに なる さかなを ——で
むすびましょう。　1つ10てん(30てん)

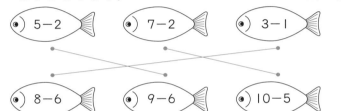

5−2　　7−2　　3−1

8−6　　9−6　　10−5

③ ふたつの かあどの こたえの ちがいは
いくつですか。　(10てん)

10−8　9−3

(4)

28

 **28** ひきざん
2かいめ

がくしゅう **29** ページ

じかん とりぶん /100
ごうかく **80** てん

こたえ **15** ページ

① ひきざんを しましょう。　1つ10てん(60てん)

① 7−1= 6 　　② 6−5= 1
③ 8−8= 0 　　④ 9−2= 7
⑤ 9−5= 4 　　⑥ 10−0= 10

② 3びき あげると、なんびき
のこりますか。　1つ5てん(10てん)

10ぴき

しき　10−3=7

こたえ (7)ひき

③ ゆうたさんは いろがみを 5まい、
まゆみさんは 8まい もって います。どちらが
なんまい おおいですか。　1つ10てん(30てん)

しき　8−5=3

こたえ (まゆみさん)が
(3)まい おおい。

29

28ページ

② (上の魚の答え)
5−2=3、7−2=5、
3−1=2
(下の魚の答え)
8−6=2、9−6=3、
10−5=5
になることを確認してから、
線でむすぶようにさせま
しょう。

③ はじめに、カードの計算を
します。10−8=2、
9−3=6 だから、答えの
数が大きいほうから小さい
ほうをひけば、ちがいが求
められることを理解させま
しょう。

29ページ

② 10ぴきから3びきあげた
残りを求めるから、ひき算
の式になることに気づかせ
ましょう。3−10という
式を立てないように注意し
てください。

③ 問題文を読んで、まゆみさ
んのほうが数が多いことに
気づかせてください。問題
文に出てきた順に、5−8
という式を立てないように
注意してください。

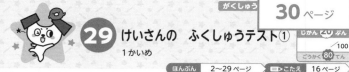

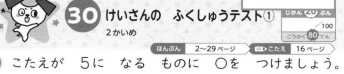

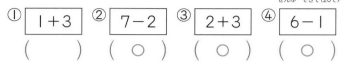

29 けいさんの ふくしゅうテスト①
1かいめ

じかん 20ぷん /100
ごうかく 80てん

ほんぶん 2〜29ページ　こたえ 16ページ

1 あわせて 10に なるように □に かずを かきましょう。
1つ5てん(20てん)

① [10] [7][3]　② [10] [2][8]　③ [10] [1][9]　④ [10] [6][4]

2 たしざんを しましょう。
1つ5てん(40てん)

① 1+7= [8]　② 3+2= [5]

③ 5+2= [7]　④ 2+4= [6]

⑤ 3+6= [9]　⑥ 8+0= [8]

⑦ 4+4= [8]　⑧ 9+1= [10]

3 ひきざんを しましょう。
1つ5てん(40てん)

① 4-1= [3]　② 7-2= [5]

③ 8-5= [3]　④ 6-1= [5]

⑤ 9-4= [5]　⑥ 8-6= [2]

⑦ 10-3= [7]　⑧ 4-0= [4]

---

30 けいさんの ふくしゅうテスト①
2かいめ

じかん 20ぷん /100
ごうかく 80てん

ほんぶん 2〜29ページ　こたえ 16ページ

1 こたえが 5に なる ものに ○を つけましょう。
ぜんぶ できて(20てん)

① [1+3] ( )　② [7-2] (○)　③ [2+3] (○)　④ [6-1] (○)

2 たしざんを しましょう。
1つ5てん(40てん)

① 3+5= [8]　② 4+5= [9]

③ 7+3= [10]　④ 2+8= [10]

⑤ 6+1= [7]　⑥ 1+5= [6]

⑦ 0+3= [3]　⑧ 5+5= [10]

3 ひきざんを しましょう。
1つ5てん(40てん)

① 6-3= [3]　② 7-4= [3]

③ 9-8= [1]　④ 10-0= [10]

⑤ 7-6= [1]　⑥ 5-3= [2]

⑦ 10-7= [3]　⑧ 8-2= [6]

30ページ

1 0をのぞいて、あわせて 10 になる組み合わせは、「1と9」「2と8」「3と7」「4と6」「5と5」「6と4」「7と3」「8と2」「9と1」があります。どの組み合わせもすぐに答えられるようにしておきましょう。

2 和が 10までのたし算は、何度もくり返し練習させてください。まちがえたときは、おはじきなどを使って、正しい答えを確認させましょう。

3 ひかれる数が 10までのひき算は、何度もくり返し練習させてください。まちがえたときは、おはじきなどを使って、正しい答えを確認させましょう。

31ページ

1 それぞれを計算すると、①1+3=4、②7-2=5、③2+3=5、④6-1=5 になります。

2、3 計算をまちがえたときは、おはじきなどを使って、正しい答えを確認させましょう。

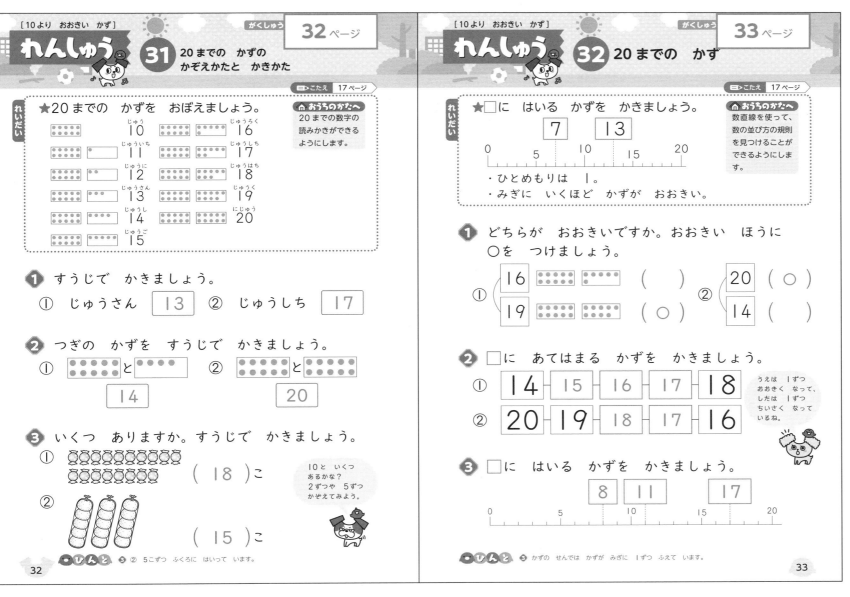

★20までの かずを おぼえましょう。

10　16　じゅう　じゅうろく
11　17　じゅういち　じゅうしち
12　18　じゅうに　じゅうはち
13　19　じゅうさん　じゅうく
14　20　じゅうし　にじゅう
15　じゅうご

おうちのかたへ
20までの数字の読みかきができるようにします。

❶ すうじで かきましょう。
① じゅうさん 13　② じゅうしち 17

❷ つぎの かずを すうじで かきましょう。
① ⬜と⬜　14
② ⬜と⬜　20

❸ いくつ ありますか。すうじで かきましょう。
①（ 18 ）こ
②（ 15 ）こ

10と いくつ あるかな？ 2ずつや 5ずつ かぞえてみよう。

ひんと ❸② 5こずつ ふくろに はいって います。

32

★⬜に はいる かずを かきましょう。
7　13
0　5　10　15　20
・ひとめもりは 1。
・みぎに いくほど かずが おおきい。

❶ どちらが おおきいですか。おおきい ほうに ○を つけましょう。
① 16 （　）　② 20 （ ○ ）
　 19 （ ○ ）　　14 （　）

❷ ⬜に あてはまる かずを かきましょう。
① 14　15　16　17　18
② 20　19　18　17　16

うえは 1ずつ おおきく なって、したは 1ずつ ちいさく なっているね。

❸ ⬜に はいる かずを かきましょう。
8　11　17
0　5　10　15　20

ひんと ❸ かずの せんでは かずが みぎに 1ずつ ふえて います。

33

32ページ
❶ ①を「103」、②を「107」というかきまちがいをしていないか見てあげてください。
❷ ①は「10と4でいくつ」、②は「10と10でいくつ」と考えさせましょう。
❸ ①10をこえる数を数えるときは、「10と8で18」というようにとらえさせます。
②5こずつふくろに入っているから、5、10、15と5ずつまとめて数えるとはやく数えられることに気づかせてください。

33ページ
❶ ①16は10と6、19は10と9です。10は同じだから、6と9で比べます。
❷ ①は、数が1ずつ大きくなっている並び方、②は、数が1ずつ小さくなっている並び方であることに気づかせます。
❸ 数の線（数直線）では、右へいくほど数が大きくなり、左へいくほど数が小さくなることに気づかせましょう。

れんしゅう 33 たしざん

こたえ 18ページ

れいだい

★10+3、12+5は いくつですか。

ときかた

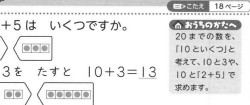

3を たすと 10+3=13

5を たすと 12+5=17

おうちのかたへ
20までの数を、「10といくつ」と考えて、10と3や、10と「2+5」で求めます。

❶ たしざんを しましょう。

① 10+2= 12

② 10+5= 15

③ 10+9= 19   ④ 10+7= 17

❷ たしざんを しましょう。

① 13+2= 15

② 15+3= 18

③ 16+2= 18   ④ 11+8= 19

❸ □に はいる かずは いくつですか。
12と 4を あわせた かず

12 +4= 16

たしざんの しきが つくれるかな？

●ひんと ❷ ① 10は そのままで、3+2の けいさんを しましょう。

れんしゅう 34 ひきざん

こたえ 18ページ

れいだい

★15-5、15-2は いくつですか。

ときかた

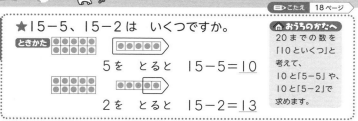

5を とると 15-5=10

2を とると 15-2=13

おうちのかたへ
20までの数を「10といくつ」と考えて、10と「5-5」や、10と「5-2」で求めます。

❶ ひきざんを しましょう。

① 12-2= 10

② 16-6= 10

③ 14-4= 10   ④ 19-9= 10

❷ ひきざんを しましょう。

① 14-3= 11

② 17-4= 13

③ 13-2= 11   ④ 16-5= 11

！まちがいちゅうい

❸ □に はいる かずは いくつですか。

13- 3 =10

13から いくつ とると 10に なるかな？

●ひんと ❸ 13は 10と 3です。いくつ とると 10に なるか かんがえましょう。

34ページ

❶ 「10と2で12だね」「10と9で19だね」のように声をかけてあげてください。

❷ ②15は 10と5だから、10と「5+3=8」で18になります。
③16は 10と6だから、10と「6+2=8」で18になります。
④11は 10と1だから、10と「1+8=9」で19になります。

35ページ

❷ ②17は 10と7だから、10と「7-4=3」で13になります。
③13は 10と3だから、10と「3-2=1」で11になります。
④16は 10と6だから、10と「6-5=1」で11になります。

❸ 13は 10と3です。「いくつ」にあたる数と同じ数をひくと残りは 10になることに気づかせましょう。

おうちのかたへ
10から20までの数は、「10といくつ」に分けられます。その「いくつ」にあたる数をたしたり、ひいたりする計算のしかたです。

① □に はいる かずを かきましょう。　1つ4てん(16てん)

① 10と 6で $\boxed{16}$

② 10と 8で $\boxed{18}$

③ 13は 10と $\boxed{3}$

④ 20は 10と $\boxed{10}$

② いくつ ありますか。すうじで かきましょう。　1つ4てん(16てん)

① 　　　② 🍒🍒🍒🍒🍒 🍒🍒🍒🍒🍒

(11)こ　　　　　　　　　(16)こ

③ 　　　④

(13)まい　　　　　　　(15)ほん

③ いちばん おおきい かずに ○を つけましょう。　1つ4てん(8てん)

① $\boxed{11}$ $\boxed{15}$ $\boxed{14}$　② $\boxed{20}$ $\boxed{17}$ $\boxed{13}$

( )(○)( )　　(○)( )( )

④ □に はいる かずを かきましょう。　□1つ5てん(20てん)

① $\boxed{15}$—$\boxed{16}$—$\boxed{17}$—$\boxed{18}$—$\boxed{19}$

できるかな！

② $\boxed{20}$—$\boxed{18}$—$\boxed{16}$—$\boxed{14}$—$\boxed{12}$

⑤ けいさんを しましょう。　1つ5てん(40てん)

① $10+4=\boxed{14}$　② $12+2=\boxed{14}$

③ $17+1=\boxed{18}$　④ $14+5=\boxed{19}$

⑤ $18-8=\boxed{10}$　⑥ $15-3=\boxed{12}$

⑦ $19-6=\boxed{13}$　⑧ $16-1=\boxed{15}$

36ページ〜37ページ

① 10から20までの数の「10といくつ」という数のとらえかたを理解させましょう。

② ①10こを○で囲むと、あと1こだから、全部で11こです。

②2、4、6、8と、2ずつ数えさせましょう。

③10まいを○で囲むと、あと3まいだから、全部で13まいです。

④5、10、15と、5ずつ数えさせましょう。

③ ①それぞれの数を10といくつに分け、「いくつ」にあたる1、5、4で大きさを比べます。

②20は10と10、17は10と7、13は10と3だから、10、7、3で大きさを比べます。

④ 右へいくほど数がいくつずつ大きくなっているか、いくつずつ小さくなっているかを考えさせましょう。

②右へいくほど2ずつ小さくなっています。

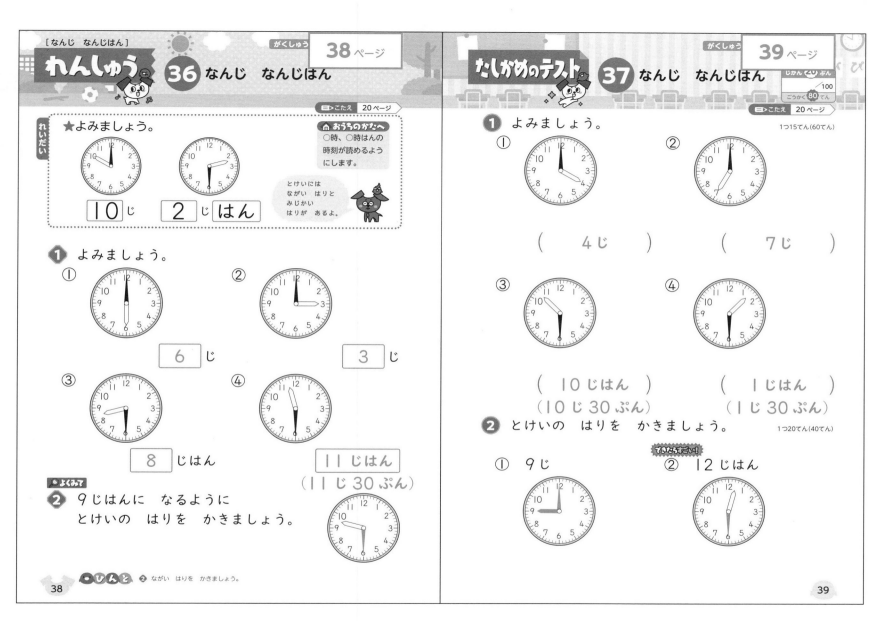

こたえ 20ページ

れいだい

★よみましょう。

おうちのかたへ
○時、○時はんの
時刻が読めるよう
にします。

10 じ　**2** じ **はん**

とけいには
ながい はりと
みじかい
はりが あるよ。

1 よみましょう。

① **6** じ　② **3** じ

③ **8** じはん　④ **11** じはん
（**11** じ **30** ぷん）

よくみて

2 9じはんに なるように
とけいの はりを かきましょう。

ひんと **2** ながい はりを かきましょう。

38

こたえ 20ページ

1 よみましょう。

1つ15てん(60てん)

① （ **4** じ ）　② （ **7** じ ）

③ （ **10** じはん ）　④ （ **1** じはん ）
（10 じ 30 ぷん）　（1 じ 30 ぷん）

2 とけいの はりを かきましょう。

1つ20てん(40てん)

① 9じ　② 12じはん できたらすごい!

39

38ページ

1 ③短いはりが8と9の間に
あり、長いはりが6をさ
しているから8時半です。
④短いはりが11と12の
間にあり、長いはりが6
をさしているから11時
半です。

2 短いはりが9と10の間を
さしているから、長いはり
をかけばよいことに気づか
せましょう。

39ページ

1 ④短いはりが1と2の間に
あり、長いはりが6をさ
しているから1時半です。

2 ①短いはりは9、長いはり
は12をさします。2つ
のはりをきちんと区別さ
せましょう。
②長いはりは6をさします。

おうちのかたへ
長いはりが12をさしている
ときは、「ちょうど何時」、長いは
りが6をさしているときは、「何
時半」になることを覚えさせて
ください。
日常の中でも、時計に親しむよ
うにさせてください。

★3つの かずの たしざんを しましょう。

おうちのかたへ
3つの数のたし算ができるようにします。

れいだい
ときかた 3＋1＋6＝ 10

① 3＋1＝ 4
② 4 ＋6＝10

まえの 2つの かずの たしざんを して、その こたえに のこった かずを たすよ。

❶ □に あてはまる かずを かきましょう。
6＋4＋2の けいさんを します。

6＋4＋2

① 6＋4＝ 10
② 10 ＋2＝ 12

こたえは 12 に なります。

❷ たしざんを しましょう。
① 3＋4＋1＝ 8   ② 5＋2＋2＝ 9
③ 7＋1＋2＝ 10   ④ 2＋3＋5＝ 10
⑤ 8＋2＋3＝ 13   ⑥ 7＋3＋8＝ 18

ひんと ❷ まえから じゅんに けいさんを しましょう。

★3つの かずの ひきざんを しましょう。

おうちのかたへ
3つの数のひき算ができるようにします。

れいだい
ときかた 10－2－4＝ 4

① 10－2＝ 8
② 8 －4＝4

まえの 2つの かずの ひきざんを して、その こたえから のこった かずを ひくよ。

❶ □に あてはまる かずを かきましょう。
16－6－3の けいさんを します。

16－6－3

① 16－6＝ 10
② 10 －3＝ 7

こたえは 7 に なります。

❷ ひきざんを しましょう。
① 6－1－2＝ 3   ② 9－3－4＝ 2
③ 10－5－3＝ 2   ④ 10－4－2＝ 4
⑤ 15－5－4＝ 6   ⑥ 18－8－5＝ 5

ひんと ❷ まえから じゅんに けいさんを しましょう。

40 ページ

❶ 前から順にたし算をしていくと、答えが求められることを理解させましょう。

❷ 前から順に計算します。
①3＋4＝7、7＋1＝8
③7＋1＝8、8＋2＝10
⑤8＋2＝10、10＋3＝13

おうちのかたへ
3つの数のたし算の場合、どの順に計算しても答えは求められますが、今の段階では前から順に計算させましょう。この後学習する3つの数のひき算や3つの数の＋と－が混じった計算につながります。

41 ページ

❶ 3つの数のひき算も、3つの数のたし算と同じように、前から順にひき算をしていくと、答えが求められることを理解させましょう。

❷ 前から順に計算します。
①6－1＝5、5－2＝3
③10－5＝5、5－3＝2
⑤15－5＝10、10－4＝6

れんしゅう ④⓪ ●−▲+■

こたえ 22 ページ

れいだい

★ひきざんと たしざんの まじった
3つの かずの けいさんを しましょう。

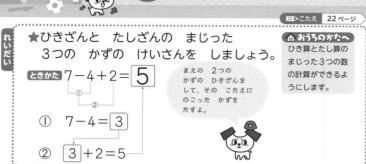

ときかた 7−4+2= 5

① 7−4= 3

② 3 +2=5

おうちのかたへ
ひき算とたし算の
まじった3つの数
のけいさんができるよ
うにします。

① □に あてはまる かずを かきましょう。

10−7+2の けいさんを します。

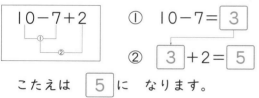

10−7+2

① 10−7= 3

② 3 +2= 5

こたえは 5 に なります。

② けいさんを しましょう。

① 9−6+4= 7 　② 10−6+3= 7

③ 14−4+3= 13 　④ 19−9+2= 12

ひんと ② はじめに ひきざんの こたえを だしましょう。

れんしゅう ④① ●+▲−■

こたえ 22 ページ

れいだい

★たしざんと ひきざんの まじった
3つの かずの けいさんを しましょう。

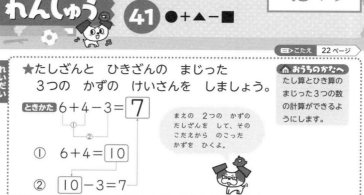

ときかた 6+4−3= 7

① 6+4= 10

② 10 −3=7

おうちのかたへ
たし算とひき算の
まじった3つの数
のけいさんができるよ
うにします。

① □に あてはまる かずを かきましょう。

4+2−1の けいさんを します。

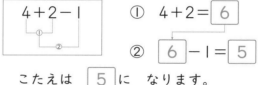

4+2−1

① 4+2= 6

② 6 −1= 5

こたえは 5 に なります。

② けいさんを しましょう。

① 2+5−4= 3 　② 7+3−5= 5

③ 10+7−2= 15 　④ 15+2−4= 13

ひんと ② はじめに たしざんの こたえを だしましょう。

42ページ

① ひき算とたし算の混じった
計算（a−b＋c）であるこ
とを確認しましょう。ー、
＋が混じっていても、こ
れまでのたし算やひき算と
同じように、前から順に計
算していけばよいことを理
解させましょう。

② 前から順に計算します。
①9−6＝3、3＋4＝7
②10−6＝4、4＋3＝7
③14−4＝10、10＋3＝13

43ページ

① たし算とひき算の混じった
計算（a＋b−c）であるこ
とを確認しましょう。今度
は、たし算が先で、ひき算
が後になっていることに注
意します。同じように、前
から順に計算すればよいこ
とを理解させましょう。

② 前から順に計算します。
②7＋3＝10、10−5＝5
③10＋7＝17、17−2＝15
④15＋2＝17、17−4＝13

たしかめのテスト 42 3つの かずの けいさん
1かいめ

がくしゅう 44 ページ

じかん 20 ぷん
ごうかく 80 てん /100

こたえ 23 ページ

❶ けいさんを しましょう。

1つ5てん(40てん)

① 6+2+2= 10   ② 9+1+4= 14

③ 10-3-4= 3   ④ 19-9-2= 8

⑤ 10-5+3= 8   ⑥ 17-7+1= 11

⑦ 8+1-5= 4   ⑧ 1+9-2= 8

❷ こたえが おおきい ほうに ○を つけましょう。

1つ10てん(40てん)

① 3+3+2 | 1+4+1   ② 10-3-2 | 12-2-4
  (○) ( )   ( ) (○)

③ 17-7+5 | 14+5-8   ④ 2+8-1 | 3+6-2
  (○) ( )   (○) ( )

できたら すごい!!

❸ なしを 10こ もらいました。
きのう 1こ たべました。きょう
4こ たべました。のこりは なんこに
なりましたか。1つの しきに かいて
こたえましょう。

1つ10てん(20てん)

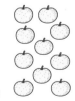

しき 10-1-4=5   こたえ (5)こ

44

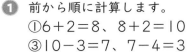

たしかめのテスト 43 3つの かずの けいさん
2かいめ

がくしゅう 45 ページ

じかん 20 ぷん
ごうかく 80 てん /100

こたえ 23 ページ

❶ こたえが おなじに なる はっぱを ——で
むすびましょう。

1つ15てん(60てん)

5+1+4   10-4+2   10-2-2   7+3-1

4+6-4   4+2+3   8-3+5   14-4-2

❷ 1つの しきに かいて こたえましょう。

1つ10てん(40てん)

① きってを 6まい もって います。2まい
つかいましたが、おにいさんから 4まい
もらいました。なんまいに なりましたか。

しき 6-2+4=8

こたえ (8)まい

できたら すごい!!

② ばすに 7にん のって います。3にん
のって きて、5にん おりました。なんにん
のって いますか。

しき 7+3-5=5

こたえ (5)にん

45

44 ページ

❶ 前から順に計算します。
①6+2=8、8+2=10
③10-3=7、7-4=3
⑤10-5=5、5+3=8
⑦8+1=9、9-5=4

❷ ①3+3+2=8、
  1+4+1=6
②10-3-2=5、
  12-2-4=6
③17-7+5=15、
  14+5-8=11
④2+8-1=9、
  3+6-2=7

❸ 10こから1こ減って、さら
に、4こ減ったことを1つ
の式に表せるようにします。

45 ページ

❶ 前から順に計算します。
（上の葉の答え）
5+1+4=10、
10-4+2=8、
10-2-2=6、
7+3-1=9
（下の葉の答え）
4+6-4=6、
4+2+3=9、
8-3+5=10、
14-4-2=8

❷ ①6まいから2まい減って、その後4まい増えたことを1つの式
に表せるようにします。
②7人から3人増えて、その後5人減ったことを1つの式に表せ
るようにします。

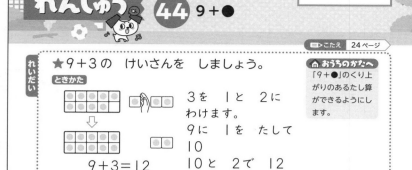

➡こたえ 24ページ

れいだい ★9+3の けいさんを しましょう。

ときかた

3を 1と 2に わけます。
9に 1を たして 10
10と 2で 12

9+3=12

🏠おうちのかたへ
「9+●」のくり上がりのあるたし算ができるようにします。

1 ▢に あてはまる かずを かきましょう。
9+5の けいさんを します。

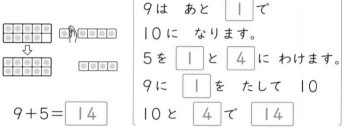

9は あと 1 で 10に なります。
5を 1 と 4 に わけます。
9に 1 を たして 10
10と 4 で 14

9+5= 14

9は あと いくつで 10に なるかを かんがえて、10の まとまりを つくろう！

2 たしざんを しましょう。

① 9+2= 11　　② 9+6= 15

③ 9+8= 17　　④ 9+9= 18

●ひんと 2① 2を 1と 1に わけて、9に 1を たしましょう。

46

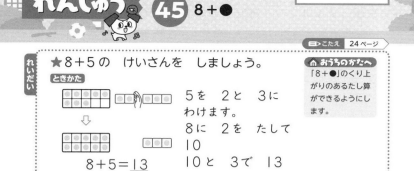

➡こたえ 24ページ

れいだい ★8+5の けいさんを しましょう。

ときかた

5を 2と 3に わけます。
8に 2を たして 10
10と 3で 13

8+5=13

🏠おうちのかたへ
「8+●」のくり上がりのあるたし算ができるようにします。

1 ▢に あてはまる かずを かきましょう。
8+4の けいさんを します。

8は あと 2 で 10に なります。
4を 2 と 2 に わけます。
8に 2 を たして 10
10と 2 で 12

8+4= 12

8は あと いくつで 10に なるかを かんがえよう。

2 たしざんを しましょう。

① 8+6= 14　　② 8+8= 16

③ 8+7= 15　　④ 8+9= 17

●ひんと 2① 6を 2と 4に わけて、8に 2を たしましょう。

47

46ページ

1 たされる数の9が、あといくつで 10になるかを考えて計算することを理解させましょう。

2 ①「9はあと1で10だから、2を1と1に分ける。9に1をたして10。10と残りの1で11」のように計算のしかたを確認しながら取り組ませましょう。

47ページ

1 たされる数の8が、あといくつで 10になるかを考えて計算することを理解させましょう。

2 ①「8はあと2で10だから、6を2と4に分ける。8に2をたして10。10と残りの4で14」のように計算のしかたを確認しながら取り組ませましょう。

🏠おうちのかたへ
1けたの数どうしで、くり上がりのあるたし算では、たされる数があといくつで10になるかを考えることがポイントになります。以前学習した「10はいくつといくつ」を理解していることが大切です。とまどっていたら復習させてください。

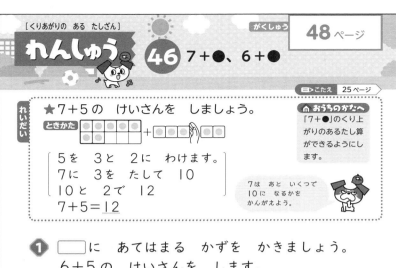

➡こたえ 25ページ

れいだい ★7+5の けいさんを しましょう。

ときかた

5を 3と 2に わけます。
7に 3を たして 10
10と 2で 12
7+5=12

🏠 おうちのかたへ
「7+●」のくり上がりのあるたし算ができるようにします。

7は あと いくつで 10に なるかを かんがえよう。

① □に あてはまる かずを かきましょう。
6+5の けいさんを します。

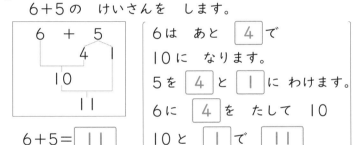

6は あと 4 で
10に なります。
5を 4 と 1 に わけます。
6に 4 を たして 10
10と 1 で 11

6+5= 11

まず、10の まとまりを つくるんだよ。

② たしざんを しましょう。
① 7+6= 13   ② 7+8= 15
③ 6+8= 14   ④ 6+9= 15

●ひんと ❷ 7に 3を たすと、10に なります。6に 4を たしても、10に なります。

48

➡こたえ 25ページ

れいだい ★5+8の けいさんを しましょう。

ときかた

8を 5と 3に わけます。
5に 5を たして 10
10と 3で 13
5+8=13

🏠 おうちのかたへ
「5+●」のくり上がりのあるたし算ができるようにします。

8に 2を たして 10
10と 3で
13でも いいよ。

① □に はいる かずを かきましょう。

① 4+7 ⟶
4に 6 を たして 10
10と 1 で 11

② 3+8 ⟶
3に 7 を たして 10
10と 1 で 11

③ 2+9 ⟶
2に 8 を たして 10
10と 1 で 11

② たしざんを しましょう。
① 5+6= 11   ② 4+8= 12
③ 3+9= 12   ④ 5+9= 14

●ひんと ❷ ① 6を 5と 1に わけて、5に 5を たすと 10です。
5を 4と 1に わけて、6に 4を たしても 10に なります。

49

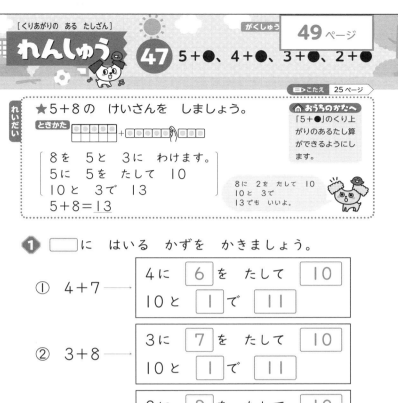

48 ページ

① たされる数の6が、あといくつで 10になるかを考えて計算することを理解させましょう。

② たされる数の7や6が、あといくつで 10になるかを考えます。
①「7はあと3で 10だから、6を3と3に分ける。7に3をたして 10。10と残りの3で 13」のように計算のしかたを確認しながら取り組ませましょう。

49 ページ

① ①4はあといくつで 10になるか、②3はあといくつで 10になるか、③2はあといくつで 10になるかを考えて、計算することを理解させましょう。

② ①「5はあと5で 10だから、6を5と1に分ける。5に5をたして 10。10と残りの1で 11」のように、計算のしかたを確認しながら取り組ませましょう。

🏠 おうちのかたへ
5+6のようなたし算の場合、たす数の6を 10にして考えてもよいことに気づかせてあげるとよいでしょう。

★□に あてはまる かずを かきましょう。

ときかた 5+9 = 14

⬇

5に 5 を たして 10
10と 4 で 14

9に 1を たして 10
10と 4で 14という
かんがえかたも あるよ。

おうちのかたへ
1けたどうしのく
り上がりのあるた
し算ができるよう
にします。

❶ たしざんを しましょう。

① 9+7= 16 　② 8+9= 17

③ 6+6= 12 　④ 5+7= 12

⑤ 3+9= 12 　⑥ 2+9= 11

❷ あわせて なんこ ありますか。

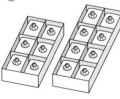

しき 6 + 8 = 14

こたえ (14)こ

ひんと ❶ あと いくつで 10に なるか かんがえて、かずを 2つに わけましょう。

50

★□に あてはまる かずを かきましょう。

ときかた 6+7 = 13

⬇

6に 4 を たして 10
10と 3 で 13

7に 3を たして 10
10と 3で 13でも
いいよ。

おうちのかたへ
くり上がりのある
たし算は、10の
まとまりをつくる
ことが、ポイント
です。

❶ たしざんを しましょう。

① 7+7= 14 　② 8+8= 16

③ 8+5= 13 　④ 7+8= 15

⑤ 4+9= 13 　⑥ 5+6= 11

❷ こたえが 11に なる かあどに ○を
つけましょう。

4+6	3+8	2+9
( )	(○)	(○)

5+7	6+5	8+4
( )	(○)	( )

ひんと ❷ こたえが 11に なる かあどは、3まい あります。

51

50ページ

❷ はじめに、おかしの数を数
えてから、式を立てます。
式は、8+6=14 として
も正解です。

51ページ

❶ ①7はあと3で10。もう
一方の7を3と4に分け
る。7に3をたして10。
10と残りの4で14。
②〜⑥も同じように考えて
計算します。

❷ 4+6=10、3+8=11、
2+9=11、5+7=12、
6+5=11、8+4=12
になります。答えは1つと
は限らないから、最後まで
すべての計算をするように
させましょう。

おうちのかたへ
たし算には、次のような2つの
計算のしかたがあります。お子
さまのしやすいほうで計算させ
てください。
(3+9の場合)

・3はあと7で10。9を7と
2に分ける。3と7で10。
10と残りの2で12。

・9はあと1で10。3を1と
2に分ける。9と1で10。
10と残りの2で12。

① たしざんを しましょう。

1つ10てん(60てん)

① 9＋7＝ 16 　　② 8＋3＝ 11

③ 7＋7＝ 14 　　④ 6＋9＝ 15

⑤ 5＋9＝ 14 　　⑥ 4＋8＝ 12

② こたえが おおきい ほうの かあどに ○を つけましょう。

1つ10てん(30てん)

① 5＋8 　6＋5 　　② 4＋9 　8＋8

（ ○ ）（ 　 ） 　　　（ 　 ）（ ○ ）

③ 7＋6 　2＋9

（ ○ ）（ 　 ）

でるならだいじ!

③ なんと かいて ありますか。
こたえが ちいさい じゅんに ならべましょう。

(10てん)

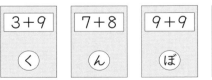

3＋9	7＋8	9＋9	4＋7	8＋6
く	ん	ぼ	か	れ

か　く　れ　ん　ぼ

52

① たしざんを しましょう。

1つ10てん(40てん)

① 3＋9＝ 12 　　② 4＋8＝ 12

③ 7＋8＝ 15 　　④ 9＋9＝ 18

② こたえが おなじに なる くるまを ―― で むすびましょう。

1つ10てん(40てん)

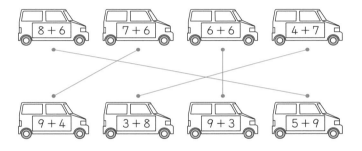

でるならだいじ!

③ みさきさんは 8さいです。おねえさんは みさきさんより 5さい うえです。おねえさんは なんさいですか。

1つ10てん(20てん)

しき　 8＋5＝13

こたえ（ 13 ）さい

53

52ページ

① あと いくつで 10になるか を 考えて 計算します。

② ①5＋8＝13、6＋5＝11 になります。
②4＋9＝13、8＋8＝16 になります。
③7＋6＝13、2＋9＝11 になります。

③ くは 12、んは 15、ぼは 18、かは 11、れは 14です。これを 小さい順に 並べさせましょう。

53ページ

① あと いくつで 10になるか を 考えて 計算します。

② はじめに、すべての 計算を させましょう。
（上の車の答え）
8＋6＝14、7＋6＝13、6＋6＝12、4＋7＝11
（下の車の答え）
9＋4＝13、3＋8＝11、9＋3＝12、5＋9＝14

③ 8さいより 5さい 上という ことは、8より 5多いと いうことだから、たし算の式 を 使う ことに 気づかせ ましょう。

27

[くりさがりの ある ひきざん]

れんしゅう 52 ●−9

がくしゅう **54** ページ

⊟こたえ 28ページ

れいだい

★12−9の けいさんを しましょう。

ときかた

10から 9を ひいて 1

1と 2で 3　　12−9=3

🏠 **おうちのかたへ**
「●−9」のくり下がりのあるひき算ができるようにします。

❶ □に あてはまる かずを かきましょう。

14−9の けいさんを します。

10から 9 を
ひいて 1
1と 4 で 5

14−9= 5

＋− けいさんにつよくなる！×÷
10の ほうから さきに ひくことを わすれないように しよう。

❷ ひきざんを しましょう。

① 11−9= 2 　　② 16−9= 7

③ 17−9= 8 　　④ 18−9= 9

④は 18を 10と 8に わけて 10から 9を ひくんだよ。

●ひんと ❷① 11を 10と 1に わけて、10から 9を ひきましょう。

54

[くりさがりの ある ひきざん]

れんしゅう 53 ●−8

がくしゅう **55** ページ

⊟こたえ 28ページ

れいだい

★13−8の けいさんを しましょう。

ときかた

10から 8を ひいて 2

2と 3で 5　　13−8=5

🏠 **おうちのかたへ**
「●−8」のくり下がりのあるひき算ができるようにします。

❶ □に あてはまる かずを かきましょう。

12−8の けいさんを します。

10から 8 を
ひいて 2
2と 2 で 4

12−8= 4

❷ ひきざんを しましょう。

① 14−8= 6 　　② 15−8= 7

③ 16−8= 8

②は 15を 10と 5に わけて 10から 8を ひくんだよ。

●ひんと ❷① 14を 10と 4に わけて、10から 8を ひきましょう。

55

---

54 ページ

❶ 14は 10と4と考えて、10のほうから9をひくことを理解させましょう。

❷ ①11は 10と1。10から9をひいて1。1に残りの1をたして2。

②16は 10と6。10から9をひいて1。1に残りの6をたして7。

③、④も同じように考えて計算します。

🏠 **おうちのかたへ**
2けたの数−1けたの数で、くり下がりのあるひき算では、ひかれる数を10といくつに分けて、10からひく数をひいて、その答えに残りの数をたします。

55 ページ

❶ 12は 10と2と考えて、10のほうから8をひくことを理解させましょう。

❷ ①14は 10と4。10から8をひいて2。2に残りの4をたして6。

②15は 10と5。10から8をひいて2。2に残りの5をたして7。

③16は 10と6。10から8をひいて2。2に残りの6をたして8。

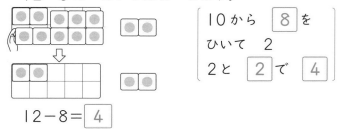

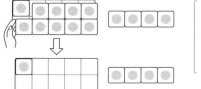

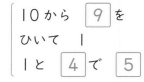

28

れんしゅう 54 ●−7、●−6

➡こたえ 29ページ

➡こたえ 29ページ

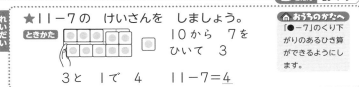

れいだい

★11−7の けいさんを しましょう。

ときかた
10から 7を ひいて 3
3と 1で 4　11−7=4

おうちのかたへ
「●−7」のくり下がりのあるひき算ができるようにします。

① □に あてはまる かずを かきましょう。
14−6の けいさんを します。

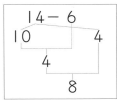

14− 6
10　　4
　4
　　8

14を 10と 4 に わけます。
10から 6 を ひいて 4
4と 4 で 8

14−6= 8

② ひきざんを しましょう。
① 13−7= 6
② 16−7= 9
③ 11−6= 5
④ 13−6= 7

④は 13を 10と 3に わけて 10から 6を ひくんだよ。

●ひんと ② ひかれる かずを 10と いくつに わけましょう。

56

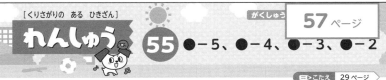

れんしゅう 55 ●−5、●−4、●−3、●−2

➡こたえ 29ページ

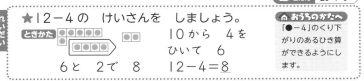

れいだい

★12−4の けいさんを しましょう。

ときかた
10から 4を ひいて 6
6と 2で 8　12−4=8

おうちのかたへ
「●−4」のくり下がりのあるひき算ができるようにします。

① □に あてはまる かずを かきましょう。

① 13−5 →
10から 5を ひいて 5
5 と 3 で 8

② 12−3 →
10から 3を ひいて 7
7 と 2 で 9

③ 11−2 →
10から 2を ひいて 8
8 と 1 で 9

② ひきざんを しましょう。
① 11−4= 7
② 12−5= 7
③ 14−5= 9
④ 11−3= 8

2つの けいさんの しかたが あるよ。けいさんしやすい しかたで かんがえてね。

●ひんと ② ① 11を 10と 1に わけて、10から 4を ひくと 6です。4を 1と 3に わけて、11から 1を ひくと 10です。

57

56ページ

① 14は 10と4と考えて、10のほうから6をひくことを理解させましょう。

② ①13は 10と3。10から7をひいて3。3に残りの3をたして6。
②16は 10と6。10から7をひいて3。3に残りの6をたして9。
③、④も同じように考えて計算します。

57ページ

① ①は、13は 10と3、②は、12は 10と2、③は、11は 10と1と考えて、10のほうからそれぞれの数をひいていることを理解させましょう。

おうちのかたへ
ひき算には、次のような2つの計算のしかたがあります。お子さまのしやすいほうで計算させてください。
（11−4の場合）
・11は 10と1。10から4をひいて6。6に残りの1をたして7。
・4を1と3に分ける。11から1をひいて10。10から残りの3をひいて7。

29

こたえ 30ページ

れいだい ★□に あてはまる かずを かきましょう。

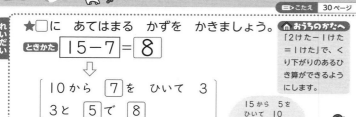

ときかた $15-7=\boxed{8}$

⬇

$\left[\begin{array}{l}10 から \boxed{7} を ひいて 3 \\ 3 と \boxed{5} で \boxed{8}\end{array}\right.$

15から 5を ひいて 10 10から 2を ひいて 8 でも いいよ。

おうちのかたへ
「2けた−1けた＝1けた」で、くり下がりのあるひき算ができるようにします。

❶ ひきざんを しましょう。

① $15-9=\boxed{6}$　　② $17-8=\boxed{9}$

③ $14-6=\boxed{8}$　　④ $11-6=\boxed{5}$

⑤ $12-5=\boxed{7}$　　⑥ $13-4=\boxed{9}$

❷ こたえが 4に なる めだるに ○を つけましょう。

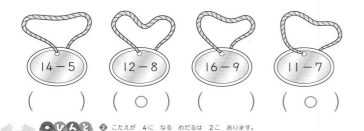

(14−5) ( )
(12−8) (○)
(16−9) ( )
(11−7) (○)

ひんと ❷ こたえが 4に なる めだるは 2こ あります。

58

こたえ 30ページ

れいだい ★□に あてはまる かずを かきましょう。

ときかた $13-4=\boxed{9}$

⬇

$\left[\begin{array}{l}10 から \boxed{4} を ひいて 6 \\ 6 と \boxed{3} で \boxed{9}\end{array}\right.$

13から 3を ひいて 10 10から 1を ひいて 9 でも いいよ。

おうちのかたへ
「2けた−1けた＝1けた」で、くり下がりのあるひき算ができるようにします。

❶ ひきざんを しましょう。

① $18-9=\boxed{9}$　　② $14-7=\boxed{7}$

③ $11-5=\boxed{6}$　　④ $16-8=\boxed{8}$

⑤ $15-8=\boxed{7}$　　⑥ $17-9=\boxed{8}$

よくみて

❷ なかの かずから そとの かずを ひきましょう。

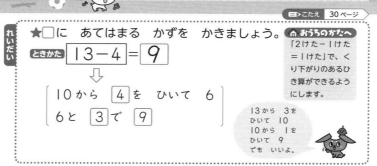

ひんと ❷ 12から いろいろな かずを ひきましょう。

59

❶ ①「15は 10と5。10から9をひいて1。1に残りの5をたして6」
または、
「9を5と4に分ける。15から5をひいて10。10から残りの4をひいて6」
お子さまのしやすいほうで計算させましょう。
②〜⑥も同じように考えて計算します。

❷ $14-5=9$、$12-8=4$、$16-9=7$、$11-7=4$ になります。答えは1つとは限らないから、最後まですべての計算をするようにさせましょう。

❶ ①「18は 10と8。10から9をひいて1。1に残りの8をたして9」
または、
「9を8と1に分ける。18から8をひいて10。10から残りの1をひいて9」
②〜⑥も同じように考えて計算します。

❷ 12−（いくつ）の計算であることに気づかせましょう。

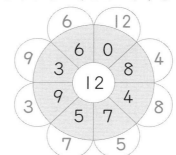

1 ひきざんを しましょう。

1つ10てん(60てん)

① 13−9= 4 　　② 13−5= 8

③ 11−7= 4 　　④ 15−6= 9

⑤ 12−5= 7 　　⑥ 11−9= 2

2 こたえが おおきい ほうの かあどに ○を
つけましょう。

1つ10てん(30てん)

①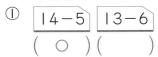
(○)( )

② 12−6 15−7
( )(○)

③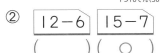
(○)( )

3 なんと かいて ありますか。
こたえが おおきい じゅんに ならべましょう。

(10てん)

| 11−3 | 12−7 | 14−8 | 12−9 | 13−4 |
| に | っ | ご | こ | お |

お に ご っ こ

60

1 ひきざんを しましょう。

1つ10てん(40てん)

① 11−8= 3 　　② 15−7= 8

③ 14−9= 5 　　④ 13−4= 9

2 こたえが 7 に なります。かあどの かくれて
いる かずを □に かきましょう。

1つ10てん(40てん)

① 13− 6 　　② 14− 7

③ 15− 8 　　④ 12− 5

3 かびんに あかい はなが 6ぽん、しろい
はなが 14ほん さして あります。どちらの
はなが なんぼん おおいですか。

しき10てん、こたえ1つ5てん(20てん)

しき 14−6=8

こたえ (しろい) はなが
(8)ほん おおい。

61

60ページ

2 ①14−5=9、13−6=7
になります。
②12−6=6、15−7=8
になります。
③11−2=9、16−8=8
になります。

3 には8、っは5、ごは6、
こは3、おは9になります。
これを大きい順に並べさせ
ましょう。

61ページ

2 ①13−□=7の□に入る
数を求めることがわかっ
ているか確認しましょう。
例えば、10−□=7の
□に入る数を求めるとき、
10−7=3で、□=3
と求められます。
13−□=7も同じよう
に考えればよいから、
13−7=6で、□に入る
数は6です。
②～④も同じように考えま
す。

3 数のちがいを求めるときは、
ひき算の式を使うことに気
づかせましょう。ひき算で
は、数の多いほうから少な
いほうをひくから、6−14
という式を立てないように
注意しましょう。

31

がくしゅう 62ページ

60 けいさんの ふくしゅうテスト② 1かいめ

じかん 20ぷん　/100　ごうかく 80てん

ほんぶん 32〜61ページ　こたえ 32ページ

1 けいさんを しましょう。 1つ5てん(20てん)

① 10+6=16　② 11+8=19

③ 11−1=10　④ 17−4=13

2 けいさんを しましょう。 1つ5てん(20てん)

① 6+4+5=15　② 10−2−4=4

③ 7−5+8=10　④ 5+4−6=3

3 たしざんを しましょう。 1つ5てん(30てん)

① 5+7=12　② 6+6=12

③ 9+2=11　④ 8+4=12

⑤ 7+8=15　⑥ 5+9=14

4 ひきざんを しましょう。 1つ5てん(30てん)

① 14−8=6　② 11−5=6

③ 17−9=8　④ 13−6=7

⑤ 12−4=8　⑥ 15−7=8

がくしゅう 63ページ

61 けいさんの ふくしゅうテスト② 2かいめ

じかん 20ぷん　/100　ごうかく 80てん

ほんぶん 32〜61ページ　こたえ 32ページ

1 けいさんを しましょう。 1つ5てん(20てん)

① 10+5=15　② 13+4=17

③ 14−4=10　④ 16−2=14

2 けいさんを しましょう。 1つ5てん(20てん)

① 2+8+7=17　② 18−8−4=6

③ 17−7+5=15　④ 10+6−1=15

3 たしざんを しましょう。 1つ5てん(30てん)

① 7+6=13　② 8+5=13

③ 8+8=16　④ 9+9=18

⑤ 3+8=11　⑥ 4+7=11

4 ひきざんを しましょう。 1つ5てん(30てん)

① 11−2=9　② 13−5=8

③ 14−9=5　④ 12−7=5

⑤ 17−8=9　⑥ 11−8=3

62ページ

2 前から順に計算しているか確認してください。
①6+4=10、10+5=15
②10−2=8、8−4=4
③7−5=2、2+8=10
④5+4=9、9−6=3

3 ①5はあと5で10。7を5と2に分ける。5に5をたして10。10と残りの2で12。
②〜⑥も同じように考えて計算します。

4 ①14は10と4。10から8をひいて2。2に残りの4をたして6。
②〜⑥も同じように考えて計算します。

63ページ

2 前から順に計算しているか確認してください。
①2+8=10、10+7=17
②18−8=10、10−4=6
③17−7=10、10+5=15
④10+6=16、16−1=15

3、**4** 計算をまちがえたときは、何度も練習して、確実にできるようにしましょう。

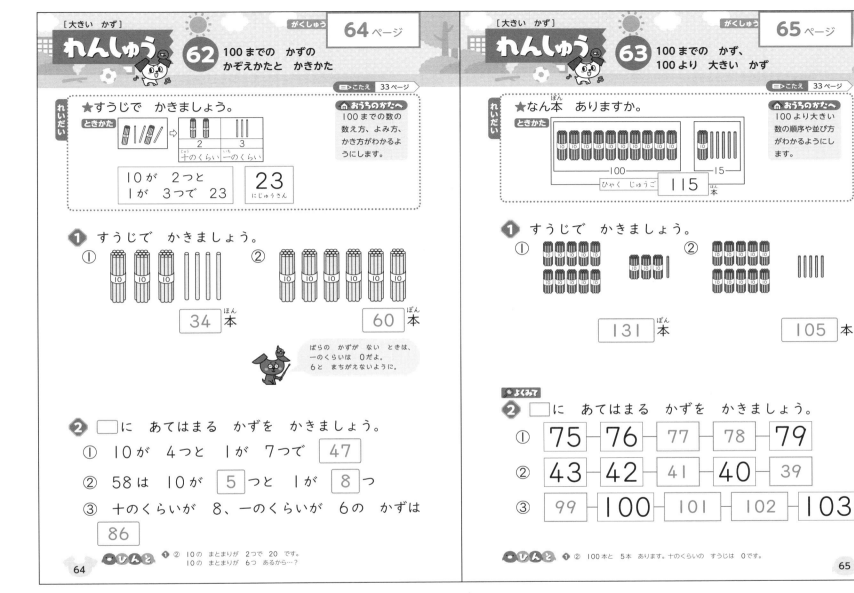

れいだい
★すうじで かきましょう。
ときかた

🏠 おうちのかたへ
100までの数の数え方、よみ方、かき方がわかるようにします。

十のくらい　一のくらい
2　　3

10が 2つと
1が 3つで 23
にじゅうさん

➡こたえ 33ページ

① すうじで かきましょう。
①　34 本
②　60 本

ばらの かずが ない ときは、一のくらいは 0だよ。6と まちがえないように。

② ☐に あてはまる かずを かきましょう。
①　10が 4つと 1が 7つで 47
②　58は 10が 5 つと 1が 8 つ
③　十のくらいが 8、一のくらいが 6の かずは 86

●ひんと ①② 10の まとまりが 2つで 20 です。
10の まとまりが 6つ あるから…？

64

れいだい
★なん本 ありますか。
ときかた

🏠 おうちのかたへ
100より大きい数の順序や並び方がわかるようにします。

100　　15
ひゃく じゅうご 115 本

➡こたえ 33ページ

① すうじで かきましょう。
①　131 本
②　105 本

●よくみて
② ☐に あてはまる かずを かきましょう。
①　75 — 76 — 77 — 78 — 79
②　43 — 42 — 41 — 40 — 39
③　99 — 100 — 101 — 102 — 103

●ひんと ①② 100本と 5本 あります。十のくらいの すうじは 0です。

65

① 10のたばの数を十の位に、ばらの数を一の位にかいて、2けたの数を表すことを理解させましょう。
②ばらがひとつもないときは、一の位に0をかくことがわかるようにしましょう。

② ①10が4つで40。1が7つで7。40と7で47と考えます。407とかかないように注意しましょう。

① 10のまとまりが10こで100になることを確認しましょう。
②100と5で105になります。十の位の数がひとつもないから、十の位には0をかくことに気づかせましょう。

② 数の並び方が、右へいくほど大きくなっているのか、小さくなっているのかを確認するようにさせましょう。

🏠 おうちのかたへ
数を数字でかいたら、お子さまにその数を読ませてください。正しい読み方をしているか確認してあげましょう。

たしかめのテスト 64 大きい かず

がくしゅう 66ページ

じかん 20ぶん /100
ごうかく 80てん

こたえ 34ページ

67ページ

1 □に あてはまる かずを かきましょう。
□1つ5てん(20てん)

① 10が 3つと 1が 2つで 32

② 58は 10が 5つと 1が 8つ

③ 十のくらいが 8、一のくらいが 6の かずは 86

2 かずが 大きい ほうに ○を つけましょう。
1つ5てん(20てん)

① 91 73
(○)( )

② 36 42
( )(○)

③ 50 55
( )(○)

④ 98 97
(○)( )

3 □に あてはまる かずを かきましょう。
□1つ5てん(25てん)

① 89 — 90 — 91 — 92 — 93

できるかな！
② 60 — 70 — 80 — 90 — 100

4 すうじで かきましょう。
1つ10てん(20てん)

①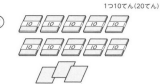

152 本

②

103 まい

できるかな！
5 あてはまる ボールの かずを かきましょう。
1つ5てん(15てん)

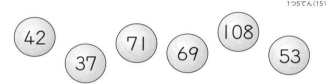

42 37 71 69 108 53

① 十のくらいが 3の かず
37

② 70より 1 小さい かず
69

③ 100より 大きい かず
108

66ページ～67ページ

1 ①「10が3つで30。1が2つで2。30と2で32」のように考えます。

2 はじめに十の位の数で比べて、次に一の位の数で比べるようにさせましょう。
①、②は、十の位の数で大小がわかります。
③、④は、十の位の数が同じだから、一の位の数で比べます。

3 ①数が1ずつ大きくなる並び方であることに気づかせましょう。
②数が10ずつ大きくなる並び方であることに気づかせましょう。

4 ①10のまとまりが10こで100です。100と52で152になります。
②10のまとまりが10こで100です。100と3で103になります。十の位に0をかく意味がわかっているか確認してあげましょう。

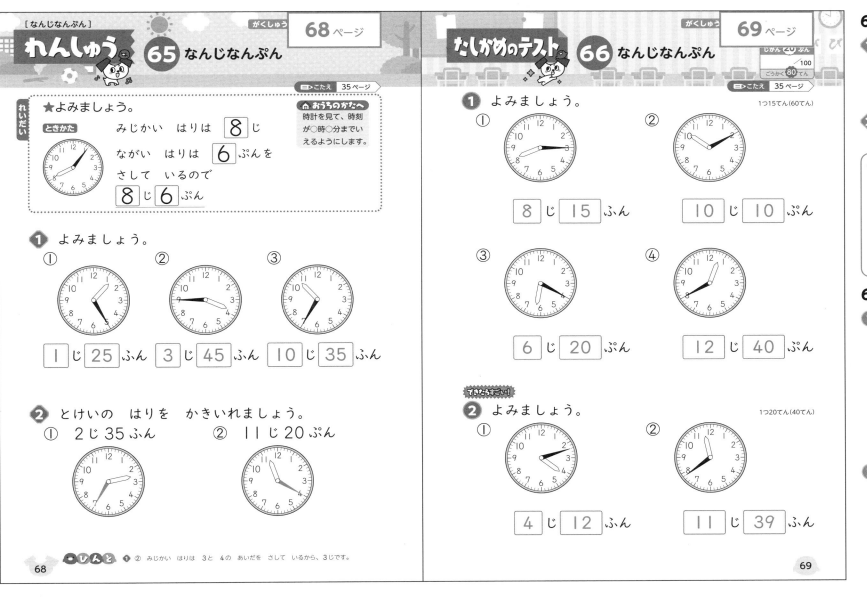

① 短いはりが「何時」、長いはりが「何分」を表すことがわかっているか確認しましょう。

② 長いはりをかくことに気づかせましょう。

おうちのかたへ

文字盤の1〜11を長いはりがさしたとき何分を表すかしっかり覚えさせてください。また、短いはりの読み方もまちがえやすいので、気をつけて見てあげてください。

① ①長いはりは3をさしているから15分です。

②長いはりは2をさしているから10分です。

③長いはりは4をさしているから20分です。

④長いはりは8をさしているから40分です。

② ①長いはりは10分のところより2分進んだところをさしているから12分です。

②長いはりは35分のところより4分進んだところをさしているから39分です。

がくしゅう 70 ページ

こたえ 36 ページ

れいだい

★こどもが 3人 います。
あめを 1人に 3こずつ あげます。
みんなで なんこ いりますか。

おうちのかたへ
1人あたり同じ数ずつ分けて、○人分では、いくついるかを計算できるようにします。

ときかた えや しきに かいて たしかめます。

3 + 3 + 3 = 9   こたえ 9こ

① 3人の こどもに みかんを 4こずつ あげます。
みんなで なんこ いりますか。
□に あてはまる かずを かきましょう。

4 + 4 + 4 = 12   12 こ

② りんごが 6こ あります。
1人に 2こずつ あげると なん人に
あげられますか。
□に あてはまる かずを かきましょう。

    3 人

しきで たしかめましょう。

2 + 2 + 2 = 6

ひんと ② 2こずつ たして こたえを 6に しましょう。

70

がくしゅう 71 ページ

じかん くり ぶん /100
ごうかく 80てん

こたえ 36 ページ

① こどもが 4人 います。
おはじきを 1人に 3こずつ あげます。
みんなで なんこ いりますか。

1つ10てん(20てん)

しき 3+3+3+3=12   こたえ (12)こ

② みかんを ふくろに 6こずつ いれたら、
ぜんぶで、3ふくろ できました。
みかんは なんこ ありましたか。

1つ10てん(20てん)

しき 6+6+6=18   こたえ (18)こ

③ あめ 20こを おなじ かずずつ わけます。

① 4人では 1人に なんこずつですか。
(10てん)

(5)こ

でるならでる!
② しきに かいて たしかめましょう。   □1つ10てん(50てん)

5 + 5 + 5 + 5 = 20

71

70ページ

① 「3人に4こずつあげるとみんなで何こ」ということは、4こが3つあるということだから、4+4+4のたし算の式になることを確認しましょう。

② 6こを2こずつに分けるということですが、2+2+2のたし算の式を使えば解けることを教えてあげましょう。

おうちのかたへ
①は、同じ数ずつたす考え方です。②は、同じ数ずつ分ける考え方です。いずれも、先々学習するかけ算やわり算の素地になります。

71ページ

① 3こが4つあるということを式に表します。

② 6こが3つあるということを式に表します。

③ ①1人が1こずつ順にあめを取っていくと考えて、あめを4こずつ○で囲みます。○のかずが5こできるので、1人分のあめは5こだとわかります。
②5こが4つあるということを式に表します。

こたえ 37ページ

れいだい

★40まいと 20まいで
なんまいですか。

ときかた 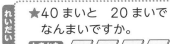 ＋

10まいが 4つと 10まいが
2つなので、しきに かくと、
40＋20＝60

こたえ 60まい

🏠 **おうちのかたへ**
10を単位とした
数のたし算ができ
るようにします。

① けいさんを しましょう。

① 50＋20＝ 70

② 30＋10＝ 40

③ 50－30＝ 20

④ 40－20＝ 20

10が 5つの
まとまりから 3つの
まとまりを とれば
いいんだね。

② けいさんを しましょう。

① 70＋10＝ 80   ② 30＋50＝ 80

③ 90－40＝ 50   ④ 100－30＝ 70

●**ひんと** ② ④ 100は 10の まとまりが 10こ あります。

72

こたえ 37ページ

れいだい

★40＋2の けいさんを しましょう。

ときかた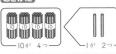

しき
40＋2＝ 42

🏠 **おうちのかたへ**
（何十）＋（1けた）
のたし算ができる
ようにします。

① けいさんを しましょう。

① 50＋6＝ 56   ② 20＋7＝ 27
     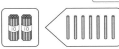

③ 43－3＝ 40   ④ 64－4＝ 60
   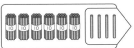

② けいさんを しましょう。

① 30＋5＝ 35   ② 70＋2＝ 72

③ 56－6＝ 50   ④ 28－8＝ 20

●**ひんと** ② 10が いくつと 1が いくつか かんがえましょう。

73

72ページ

① 10のまとまりがいくつと
いくつで考えることを理解
させましょう。
①10のまとまり5つと2
つをあわせると、10の
まとまりが7つで70で
す。
②10のまとまり3つと1
つをあわせると、10の
まとまりが4つで40で
す。
③、④も同じように考えま
す。
② 10のまとまりをもとにし
て計算します。

73ページ

① 何十に1けたの数をたすた
し算は、「50と6をあわせ
ると56」のように考えます。
何十何から一の位の数をひ
くひき算は、「43から3を
とると40」のように考え
ます。
② ①30と5をあわせると35
になります。
②70と2をあわせると72
になります。
③56から6をとると50
になります。
④28から8をとると20
になります。

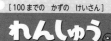

こたえ 38ページ

れいだい

★21＋3の けいさんを しましょう。

ときかた

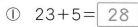

1と 3を
たして 4
20と 4で 24

しき 21 ＋ 3 ＝ 24

おうちのかたへ
十の位と一の位に分け、一の位どうしを計算するたし算ができるようにします。

1 けいさんを しましょう。

① 23＋5＝ 28　② 34＋3＝ 37

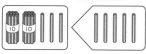 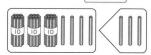

2 けいさんを しましょう。

① 56＋3＝ 59　② 83＋2＝ 85

③ 91＋7＝ 98　④ 45＋4＝ 49

はってん 大きい かずの たしざん

1 けいさんを しましょう。

① 32＋20＝ 52

② 46＋30＝ 76

☆32＋20の たしざんの しかた
30と 20を たして 50
2と 0を たして 2
50と 2を たして 52

おうちのかたへ
◀大きい数のたし算
…次のことに注意します。
・十の位、一の位どうしを計算します。

ひんと 2 ① 6と 3を たすと 9です。50と 9で いくつですか。

こたえ 38ページ

れいだい

★35－2の けいさんを しましょう。

ときかた

5から 2を
ひいて 3
30と 3で 33

しき 35 － 2 ＝ 33

おうちのかたへ
十の位と一の位に分け、一の位どうしを計算するひき算です。

1 けいさんを しましょう。

① 26－4＝ 22　② 43－2＝ 41

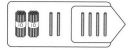 

2 けいさんを しましょう。

① 59－3＝ 56　② 48－5＝ 43

③ 75－4＝ 71　④ 88－1＝ 87

はってん 大きい かずの ひきざん

1 けいさんを しましょう。

① 32－20＝ 12

② 78－50＝ 28

☆32－20の ひきざんの しかた
30から 20を ひいて 10
2から 0を ひいて 2
10と 2を たして 12

おうちのかたへ
◀大きい数のひき算
…次のことに注意します。
・十の位、一の位どうしを計算します。

ひんと 2 ① 9から 3を ひくと 6です。50と 6で いくつですか。

---

74 ページ

2 ①「56は 50と6。6と3をたして9。50と9で59」のように考えます。

はってん （何十何）＋（何十）の計算です。

①32は 30と2。30と20をたして50。50と2で52になります。

②46は 40と6。40と30をたして70。70と6で76になります。

75 ページ

2 ①「59は 50と9。9から3をひいて6。50と6をたして56」のように考えます。

はってん （何十何）－（何十）の計算です。

①32は 30と2。30から20をひいて10。10と2をたして12になります。

②78は 70と8。70から50をひいて20。20と8をたして28になります。

おうちのかたへ
たし算やひき算は、何十といくつに分けて、同じ位どうし（何十は何十どうし、いくつはいくつどうし）で計算すればよいことを理解させましょう。そうすれば、はってんのような計算も解くことができます。

73 100までの かずの けいさん

じかん **2**ぷん / 100
ごうかく **80** てん

こたえ 39ページ

① たしざんを しましょう。　1つ2てん(12てん)

① 20+40= 60　② 30+50= 80

③ 60+30= 90　④ 10+80= 90

⑤ 70+20= 90　⑥ 90+10= 100

② ひきざんを しましょう。　1つ2てん(12てん)

① 40-10= 30　② 50-30= 20

③ 70-60= 10　④ 90-40= 50

⑤ 100-30= 70　⑥ 80-20= 60

③ おなじ こたえの カードを ——で
むすびましょう。　1つ4てん(16てん)

20+30	80-20
10+30	70-20
40+20	50-10
50+30	90-10

④ たしざんを しましょう。　1つ3てん(30てん)

① 42+6= 48　② 51+8= 59

③ 74+5= 79　④ 86+2= 88

⑤ 63+4= 67　⑥ 35+3= 38

⑦ 22+7= 29　⑧ 67+2= 69

⑨ 71+4= 75　⑩ 93+6= 99

⑤ ひきざんを しましょう。　1つ3てん(30てん)

① 38-6= 32　② 57-2= 55

③ 44-1= 43　④ 15-3= 12

⑤ 76-4= 72　⑥ 99-8= 91

⑦ 27-5= 22　⑧ 83-2= 81

⑨ 39-7= 32　⑩ 64-3= 61

76ページ〜**77**ページ

① 10のまとまりが、あわせ
て何こになるかを考えて計
算します。
⑥90は10のまとまりが
9こ、10は10のまと
まりが1こだから、
9+1=10より、10の
まとまりは10こです。
10のまとまりが10こ
で100になることがわ
かるようにしましょう。

② 10のまとまりをとると、
10のまとまりが何こ残る
かを考えて計算します。

③ (左のカードの答え)
20+30=50、
10+30=40、
40+20=60、
50+30=80
(右のカードの答え)
80-20=60、
70-20=50、
50-10=40、
90-10=80

④ ①「42は40と2。2と6
をたして8。40と8で
48」のように何十といく
つに分けて計算します。

⑤ ①「38は30と8。8から
6をひいて2。30と2
をたして32」のように何
十といくつに分けて計算
します。

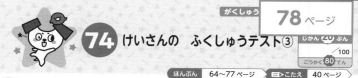

74 けいさんの ふくしゅうテスト③

じかん とく ぶん /100
ごうかく **80**てん

ほんぶん 64〜77ページ　こたえ 40ページ

❶ けいさんを しましょう。
1つ5てん(30てん)
① 30+3= 33　② 40+5= 45
③ 90+2= 92　④ 33-3= 30
⑤ 67-7= 60　⑥ 89-9= 80

❷ けいさんを しましょう。
1つ5てん(30てん)
① 20+40= 60　② 40+30= 70
③ 80+10= 90　④ 70-20= 50
⑤ 60-30= 30　⑥ 50-10= 40

❸ けいさんを しましょう。
1つ5てん(40てん)
① 42+5= 47　② 31+8= 39
③ 63+6= 69　④ 93+5= 98
⑤ 28-3= 25　⑥ 48-6= 42
⑦ 98-4= 94　⑧ 77-5= 72

まとめの テスト

75 1ねんせいの けいさんの まとめ
1かいめ

じかん とく ぶん /100
ごうかく **80**てん

こたえ 40ページ

❶ たしざんを しましょう。
1つ5てん(30てん)
① 2+4= 6　② 5+0= 5
③ 9+1= 10　④ 4+9= 13
⑤ 10+5= 15　⑥ 15+4= 19

❷ ひきざんを しましょう。
1つ5てん(30てん)
① 8-3= 5　② 1-0= 1
③ 10-5= 5　④ 12-8= 4
⑤ 15-7= 8　⑥ 18-2= 16

❸ けいさんを しましょう。
1つ5てん(20てん)
① 5+5+5= 15　② 16-6-2= 8
③ 10-7+4= 7　④ 15+2-9= 8

❹ けいさんを しましょう。
1つ5てん(20てん)
① 44+3= 47　② 20+50= 70
③ 67-5= 62　④ 100-40= 60

78ページ

❷ 10のまとまりが、何こに
なるかを考えて計算します。

❸ ④93の3に5をたして8、
90と8で98になりま
す。
⑦98の8から4をひいて
4。90と4で94にな
ります。

79ページ

❶ ④4はあと6で10。9を
6と3に分ける。4に6
をたして10。10と残り
の3で13になります。

❷ ④12は10と2。10から
8をひいて2。2と残り
の2で4になります。

❸ 前から順に計算します。
①5+5=10、10+5=15
②16-6=10、10-2=8
③10-7=3、3+4=7
④15+2=17、17-9=8

❹ ①44の4に3をたして7、
40と7で47になりま
す。
③67の7から5をひいて
2、60と2で62にな
ります。

まとめの テスト

76 1ねんせいの けいさんの まとめ
2かいめ

がくしゅう **80** ページ

じかん **20** ぷん

／100

ごうかく **80** てん

▶こたえ 41 ページ

❶ たしざんを しましょう。

1つ5てん(30てん)

① 6+3＝ 9   ② 0+7＝ 7

③ 2+8＝ 10   ④ 5+8＝ 13

⑤ 2+10＝ 12   ⑥ 14+3＝ 17

❷ ひきざんを しましょう。

1つ5てん(30てん)

① 6-1＝ 5   ② 7-0＝ 7

③ 10-4＝ 6   ④ 15-6＝ 9

⑤ 11-5＝ 6   ⑥ 19-7＝ 12

❸ けいさんを しましょう。

1つ5てん(20てん)

① 4+6+8＝ 18   ② 17-7-5＝ 5

③ 10-2+1＝ 9   ④ 12+3-8＝ 7

❹ けいさんを しましょう。

1つ5てん(20てん)

① 33+6＝ 39   ② 40+30＝ 70

③ 78-7＝ 71   ④ 100-90＝ 10

→ この 本の おわりに ある「チャレンジテスト」を やって みよう！

80ページ

❶ ④5は あと5で10。8を 5と3に 分ける。5と5 を たして 10。10と3 で 13に なります。

❷ ④15は 10と5。10から 6を ひいて 4。4と 残り の5で9に なります。

❸ 前から順に 計算します。
①4+6=10、10+8=18
②17-7=10、10-5=5
③10-2=8、8+1=9
④12+3=15、15-8=7

❹ ①33は 30と3。3に6 を たして 9。30と9で 39に なります。
③78は 70と8。8から 7を ひいて 1。70と1 で 71に なります。

🏠 **おうちのかたへ**

1年生で習うたし算やひき算は、このあとの学年で習う計算の素地となります。何度も練習して、確実に正しい答えを求めることができるようにしてください。

1年 チャレンジテスト①

なまえ ／ 月　日

じかん 40ぷん　こうかく70てん ／100

こたえ 42ページ →

1 おなじ かずを せんで むすびましょう。
1つ3てん(9てん)

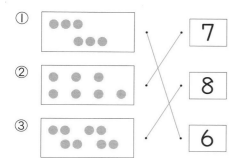

① 7

② 8

③ 6

2 □に あてはまる かずを かきましょう。
1つ3てん(9てん)

① 9は 4と 5

② 10は 3と 7

③ 10は 8 と 2

3 □の なかの かずで いちばん 小さい かずを かきましょう。
1つ4てん(8てん)

① 3、0、1　　② 8、10、5

0　　　　　　5

4 □に あてはまる かずを かきましょう。
1つ4てん(8てん)

① 2　4　6　8　10

② 10　9　8　7　6

5 けいさんを しましょう。
1つ3てん(18てん)

① 3+5= 8

② 2+8= 10

③ 7+0= 7

④ 9-2= 7

⑤ 10-7= 3

⑥ 6-0= 6

うらにも もんだいが あります。

チャレンジテスト① おもて

1 ①左の●は6こあることを確認してから、数字の6と線でむすぶようにさせましょう。

②左の●は7こあることを確認してから、数字の7と線でむすぶようにさせましょう。

③左の●は8こあることを確認してから、数字の8と線でむすぶようにさせましょう。●が2こずつになっていることに目をつけて、このようなときは、「に、し、ろ、や」と2とびで数えるとよいことを教えてあげましょう。

少しずつ、2とびや5とびの効率のよい数え方に慣れていくことも大切です。

2 とまどっていたら、次のように問いかけてあげてください。

①「4はあといくつで9になるかな」

②「3はあといくつで10になるかな」

③このような場合は、2といくつと考えます。

「2はあといくつで10になるかな」

さらに、おはじきなどで10までの数について、いくつといくつに分かれるかの復習をするとよいでしょう。

3 ①0は、何もないことを表す数字であることを確認しましょう。よって、この中でいちばん小さい数は0です。

②8、10、5の中でいちばん小さい数は5です。

4 ①6—8と数が続いているところに目をつけて、数が2ずつ大きくなるようにすればよいことに気づかせましょう。2より2大きい数は4だから、左の□には4が入ります。8より2大きい数は10だから、右の□には10が入ります。

②9—8と数が続いているところに目をつけて、数が1ずつ小さくなるようにすればよいことに気づかせましょう。右にいくほど数が1ずつ小さくなるので、9の左の□には9より1大きい10が入ります。8より1小さい数は7だから、右の□には7が入ります。

最後に数字を読み上げて、正しい並び方になっているかを確認するとよいでしょう。

5 計算をまちがえたときは、おはじきなどを使って、正しい答えを確認しておきましょう。

6 とけいを よみましょう。

1つ4てん(8てん)

①

② （clock image）

9 じ	4 じはん
	（4 じ 30 ぷん）

7 子どもが 8人 1れつに ならんで います。

1つ4てん(8てん)

あおいさん

まえ　　　　　　　　　うしろ

① あおいさんの まえには なん人 いますか。

（ 3 ）人

② □に あてはまる かずを かきましょう。

あおいさんは、

まえから 4 ばんめ、

うしろから 5 ばんめ

です。

8 けいさんを しましょう。

1つ4てん(16てん)

① 10+6= 16

② 17+2= 19

③ 15-5= 10

④ 19-2= 17

9 赤い はなが 10本、白い はなが 8本 あります。

しき・こたえ1つ4てん(16てん)

① はなは あわせて なん本 ありますか。

しき　10+8=18

こたえ（ 18 ）本

② 赤い はなと 白い はなの かずの ちがいは なん本ですか。

しき　10-8=2

こたえ（ 2 ）本

チャレンジテスト①(裏)

43

チャレンジテスト① うら

6 長いはりが 12 をさしているときは、「ちょうど何時」になることを確認しましょう。

①短いはりが9をさして、長いはりが 12 をさしているから9時です。

長いはりが6をさしているときは、「何時はん」になることを確認しましょう。

②短いはりが4と5の間をさして、長いはりが6をさしているから4時はんです。

たまに、「5時はん」と答えるようなまちがいも見受けられます。そのような場合は、時計のはりを動かして、4時はんはこれから5時になる時刻であること、短いはりが少しずつ4から5へ移動していく様子を確認させてあげましょう。

7 ①「前に何人」と聞いているから、あおいさんは含めないことに注意しましょう。

②「前から」数えるのか、「後ろから」数えるのか、基点を確認してから数を数えるようにさせましょう。

8 ①「10と6で16だね」のように声をかけてあげてください。

②17は10と7です。この7に2をたして、7+2=9より、10と9で19になります。

③15は10と5です。この5から5をひいて、5-5=0より、10と0で10になります。

④19は10と9です。この9から2をひいて、9-2=7より、10と7で17になります。

このように、計算のしかたをきちんと理解させましょう。

9 文章題では、問題文をしっかり読んで、何を求めるのか理解してから取り組むことが大切です。

①「あわせて何本」と聞いているから、たし算になることに気づかせましょう。

「＋」の記号を使って、正しい式がかけているか確認してください。

②「ちがいは何本」と聞いているから、ひき算になることに気づかせましょう。

「－」の記号を使って、正しい式がかけているか確認してください。

1年 チャレンジテスト②

月　日

なまえ

じかん **40**ぷん

こうかく70てん

／100

こたえ 44ページ

1 けいさんを　しましょう。

1つ3てん(18てん)

① 5+2+3= 10

② 19-9-8= 2

③ 9-5+3= 7

④ 13-3+6= 16

⑤ 10+9-4= 15

⑥ 14+4-6= 12

2 たしざんを　しましょう。

1つ3てん(12てん)

① 8+6= 14

② 6+5= 11

③ 7+7= 14

④ 3+9= 12

3 こたえが　大きい　ほうの
カードに　○を　つけましょう。

1つ3てん(6てん)

① 9+5　7+6

（○）（　）

② 5+7　4+9

（　）（○）

4 ひきざんを　しましょう。

1つ3てん(12てん)

① 13-4= 9

② 15-9= 6

③ 12-7= 5

④ 11-8= 3

5 こたえが　8に　なる　カードの
かくれて　いる　かずを　□に
かきましょう。

1つ3てん(9てん)

① 17- 9

② 14- 6

③ 12- 4

●うらにも　もんだいが　あります。

チャレンジテスト② おもて

1 3つの数のたし算やひき算は、前から順に計算します。
①5+2=7、7+3=10
②19-9=10、10-8=2
たし算とひき算がまじった計算では、たすのか、ひくのかをきちんと確認してから計算するようにしましょう。
③9-5=4、4+3=7
④13-3=10、10+6=16
⑤10+9=19、19-4=15
⑥14+4=18、18-6=12

2 1けたの数どうしでくり上がりのあるたし算は、たされる数があといくつで10になるかを考えて計算します。
④3+9のように、たす数のほうが大きい数の場合、次のどちらのやり方で計算してもよいです。
・「3はあと7で10だから、9を7と2に分ける。3に7をたして10。10と残りの2で12」
・3+9を9+3として計算します。「9はあと1で10だから、3を1と2に分ける。9に1をたして10。10と残りの2で12」

3 それぞれの計算の答えをもとめてから、答えの大きさをくらべます。
①9+5=14、7+6=13
9+5のほうが大きいです。
②5+7=12、4+9=13
4+9のほうが大きいです。

4 2けたの数-1けたの数で、くり下がりのあるひき算には、ひかれる数を10といくつに分けるやり方とひく数をいくつといくつに分けるやり方があります。
①・ひかれる数を10といくつに分けるやり方
「13は10と3。10から4をひいて6。6に残りの3をたして9」
・ひく数をいくつといくつに分けるやり方
「4を3と1に分ける。13から3をひいて10。10から残りの1をひいて9」

5 ①17-□=8の□に入る数は、17-8を計算します。
17-8=9より、□=9
17-9=8になることを確かめましょう。
②14-□=8の□に入る数は、14-8を計算します。
14-8=6より、□=6
14-6=8になることを確かめましょう。
③12-□=8の□に入る数は、12-8を計算します。
12-8=4より、□=4
12-4=8になることを確かめましょう。

左ページ

6 かずを すうじで かきましょう。
1つ3てん(6てん)

①

(124)本

②

(107)本

7 □に あてはまる かずを かきましょう。
1つ3てん(6てん)

① 10 が 7つと
1 が 3つで [73]

② 十のくらいが 4、一のくらいが
8の かずは [48]

8 とけいを よみましょう。 1つ3てん(6てん)
① 　②

(2 じ 35 ふん)　(10 じ 27 ふん)

チャレンジテスト②(裏)

9 けいさんを しましょう。
1つ3てん(18てん)

① 40＋50＝ [90]

② 80＋2＝ [82]

③ 56＋3＝ [59]

④ 100－40＝ [60]

⑤ 78－8＝ [70]

⑥ 97－4＝ [93]

10 バスに 10人 のって います。6人 おりて、4人 のって きました。なん人 のって いますか。1つの しきに かいて こたえましょう。 しき4てん・こたえ3てん(7てん)

しき [10－6＋4＝8]

こたえ (8)人

45

右ページ

チャレンジテスト② うら

6 10のまとまりが10こで100になることを確認しましょう。
①10のまとまりが10こで100本。
10のまとまりが2こで20本。
ばらが4で4本。
100と20と4で、124本。
②10のまとまりが10こで100本。
ばらが7で7本。
100と7で107本。
十の位の数がひとつもないから、十の位には0をかくことに注意しましょう。

7 ①10が7つで70。
1が3つで3。
70と3で73です。
②十の位が4で40。
一の位が8で8。
40と8で48です。

8 短いはりが「何時」、長いはりが「何分」を表していることを確認しましょう。
①短いはりが2時と3時の間にあって、長いはりが7をさしているから2時35分です。
②短いはりが10時と11時の間にあって、長いはりが25分のところより2分進んだところをさしているから10時27分です。

9 ①10のまとまりがいくつといくつで考えます。
「40は10のまとまりが4つ。
50は10のまとまりが5つだから、4＋5＝9より、10のまとまりが9つで90」
②何十に1けたの数をたすたし算は、「80と2をあわせると82」のように考えます。
③何十といくつに分けて計算します。
「56は50と6。6と3をたして9。50と9で59」
④10のまとまりがいくつといくつで考えます。
「100は10のまとまりが10。40は10のまとまりが4つだから、10－4＝6より、10のまとまりが6つで60」
⑤何十何から一の位の数をひくひき算は、「78から8をとると70」のように考えます。
⑥何十といくつに分けて計算します。
「97は90と7。7から4をひいて3。90と3で93」

10 問題文をよく読んで、たすのか、ひくのかを考えましょう。「おりて」というのは、減ることだからひき算に、「のって」というのは増えることだからたし算になることに気づくようにしましょう。

メモ

152

メモ